Matthias Blazek

# Vulkanismus

in den Quellen und Darstellungen des 19. Jahrhunderts

*Eine Wasserfahrt bis Pozzuoli, leichte Landfahrten, heitere Spaziergänge durch die wundersamste Gegend von der Welt. Unterm reinsten Himmel der unsicherste Boden. Trümmern undenkbarer Wohlhäbigkeit, zerlästert und unerfreulich. Siedende Wasser, Schwefel aushauchende Grüfte, dem Pflanzenleben widerstrebende Schlackenberge, kahle widerliche Räume und dann doch zuletzt eine immer üppige Vegetation, eingreifend, wo sie nur irgend vermag, sich über alles Ertödtete erhebend um Landseen und Bäche umher, ja den herrlichsten Eichwald an den Wänden eines alten Kraters behauptend.*

Johann Wolfgang von Goethe (1749-1832), deutscher Dichter und Naturforscher
Italiänische Reise, Neapel, 1. März 1787, abends
Goethes Sämmtliche Werke, vollständige Ausgabe in 15 Bänden,
Verlag der J. G. Cotta'schen Buchhandlung, Stuttgart 1874, S. 150

Matthias Blazek

# VULKANISMUS

in den Quellen und Darstellungen des 19. Jahrhunderts

*ibidem*-Verlag
Stuttgart

**Bibliografische Information der Deutschen Nationalbibliothek**
Die Deutsche Nationalbibliothek verzeichnet diese Publikation in der Deutschen Nationalbibliografie; detaillierte bibliografische Daten sind im Internet über http://dnb.d-nb.de abrufbar.

**Bibliographic information published by the Deutsche Nationalbibliothek**
Die Deutsche Nationalbibliothek lists this publication in the Deutsche Nationalbibliografie; detailed bibliographic data are available in the Internet at http://dnb.d-nb.de.

Abbildungen auf dem Umschlag: Abbildungen auf dem Umschlag: William Turner (1775-1851): Der Ausbruch der Souffrier-Vulkane (sic!) auf der Insel St. Vincent um Mitternacht am 30. April 1812, nach einer Skizze von Hugh P. Keane, Esqre, ausgestellt im Jahr 1815. Bridgeman Images/Abdruck mit freundlicher Genehmigung. Ansicht des Krakataus in der Frühphase seiner Eruption – von einem am Sonntag, 27. Mai 1883 aufgenommenen Foto. Digitale Sammlung Blazek. Vulkanische Aktivität des Vesuvs am 13. Dezember 1895. Sammlung Blazek.

Umschlaggestaltung: Josefine Berndt

Bildbearbeitung und Satz: Matthias Blazek

Lektorat: Dipl.-Geol. Monika Huch, Adelheidsdorf

Abbildungen auf dem Umschlag: Digitale Sammlung Blazek

Ein herzlicher Dank für die Unterstützung geht an Ann-Christin Boisen, Gerhard Fischer (†), Sully Marchand, Prof. Dr. Marcus Nowak, Heinz Schapeit und natürlich Dipl.-Geol. Monika Huch.

∞

Gedruckt auf alterungsbeständigem, säurefreien Papier
Printed on acid-free paper

ISBN-13: 978-3-8382-1227-2

© *ibidem*-Verlag
Stuttgart 2018

Alle Rechte vorbehalten

Printed in the EU

# Geleitwort

## Diplom-Geologin Monika Huch, Adelheidsdorf

Was interessiert einen 13-jährigen Jungen an Vulkanen? Wahrscheinlich genau das, was schon die Menschen im 18. und 19. Jahrhundert an diesem außergewöhnlichen Phänomen fasziniert hat (und heute noch fasziniert) – die als so fest empfundene Erde speit Feuer, Rauch und Lava!

Noch im 18. Jahrhundert war das Wissen um diese Prozesse stark von den Ansichten der griechischen Philosophen Thales von Milet und Aristoteles geprägt. Zu dieser Zeit standen sich so genannte Neptunisten, die die Entstehung der Gesteine aus wässrigen Lösungen favorisierten, den so genannten Plutonisten gegenüber, die die Meinung vertraten, alle Gesteine entstünden durch vulkanische und magmatische Prozesse. Viele Entdeckungen im Laufe des 19. Jahrhunderts lieferten dann Belege sowohl für die einen wie für die anderen – beide hatten in Teilen recht, wie wir heute wissen.

Das 19. Jahrhundert war aber auch durch eine große wirtschaftliche Expansion geprägt. Durch die Erfindung des Telegraphen war es möglich geworden, Informationen von einem Ende der Welt innerhalb kurzer Zeit in den anderen Teil zu schicken. Die Informationsdichte nahm zu, und das gebildete Bürgertum las über diese Ereignisse in der Zeitung und diskutierte sie in den Kaffeestuben. Denn zu einem großen Teil ging es bei diesen Informationen ja um wirtschaftliche Interessen.

Im 19. Jahrhundert gab es zwei große Vulkanausbrüche, die weltweite Auswirkungen hatten. Der Ausbruch des Tambora 1815 (im Buch ab S. 52 beschrieben) und des Krakatau 1883 (im Buch ab S. 83 beschrieben), beide im indonesischen Teil des Pazifischen Feuergürtels gelegen, waren auch in Europa wahrgenommen worden. Die Rauchwolke des Tambora stieg bis in die Stratosphäre auf und führte im darauf folgenden Jahr (1816) dazu, dass es auch in Europa keinen Sommer gab. Die Verheerungen des Krakatau-Ausbruchs wurden vor allem durch den Tsunami verursacht, der sich bis an die Ostküste Afrikas auswirkte. Beide Ausbrüche führten zu wirtschaftlichen Einbußen. Aber Geologen und Vulkanologen lernten aus beiden Ereignissen eine Menge. Es sollte jedoch noch bis in die 1920er Jahre dauern, bis sich die Internationale Vulkanologische Vereinigung als Teil der Internationalen Union für Geodäsie und Geophysik gründete (IAVCEI; www.iugg.org/associations/iavcei.php).

Die Vulkanologie ist Teil der Geowissenschaften und die Forscher, die Vulkane und ihre jeweilige Geschichte studieren, kommen aus den verschiedensten Wissenschaften, von der Geologie über Chemie und Mineralogie bis hin zur Geophysik. Und das hat seinen Grund vor allem darin, wo auf der Erde Vulkane vorkommen. Sie sind im Wesentlichen an die Grenzen der Erdplatten gebunden. An diesen Schwächezonen steigt das Magma bis an die Erdoberfläche auf und tritt dann in Form von Vulkanen aus. Die zerstörerische Kraft eines Vulkans hängt davon ab, welchem Typ er angehört. Neben so genannten Dekaden-

Vulkanen, die pro Jahrzehnt etwa ein Mal ausbrechen, gibt es Vulkane, die jahrhundertelang ruhig sind, aber dann mit einem gewaltigen Ausbruch ihre katastrophalen Kräfte entfalten. Gefährlich sind vor allem die explosiven Vulkanausbrüche, die viel Rauch und Partikel in die Atmosphäre schleudern, die dort dann zu Wolkenbildung und heftigen Gewittern und Niederschlägen führen. Gefürchtet sind als Folge heftiger Niederschläge oder durch das Schmelzen von Gletschereis über dem Vulkan die Schlammlawinen, die alles mit sich reißen, was ihnen im Weg liegt.

Die in diesem Buch zusammengestellten Zeitzeugnisse zu Vulkanausbrüchen im Verlaufe des 19. Jahrhunderts beschreiben alle Phänomene und Facetten, sowohl der vulkanologischen Erscheinungen als auch der Auswirkungen auf die Umgebung und vor allem auf die Menschen im Umkreis des jeweiligen Vulkans. Sie geben jedem Interessierten – jeden Alters – einen Einblick in eine faszinierende Zeit, als viele Erkenntnisse zusammengetragen wurden, die für uns heute selbstverständlich sind.

Monika Huch, Diplom-Geologin

im März 2018

# Vorwort

Es entspricht einer alten Leidenschaft, die der Autor seit 40 Jahren pflegt. Schon im Jahr 1979 hat er einen Zeitungsschnippel aus der „Hannoverschen Allgemeinen Zeitung (HAZ)" mit dem Ausgabedatum („HAZ 6.8.79") versehen und auf ein Blatt geklebt. Nicht mit einem Papierkleber, sondern mit einem Flüssigkleber, sodass der Zettel leicht beschädigt wurde. Behandelt wurde darin die gesteigerte Aktivität des Ätna auf der italienischen Insel Sizilien, die schließlich in einem Ausbruch am 12. September 1979 gipfelte, bei dem nach damaligen Angaben der Behörden in Catania sechs Touristen und etwa 30 weitere verletzt wurden.

Bemerkenswert und wohl auch bezeichnend ist, dass der künftige Sammler von Pressenotizen über vulkanische Aktivitäten von Beginn an die Ausgabedaten detailgenau an die Ränder schrieb. Der 13-jährige Gymnasiast am hannoverschen Gymnasium Lutherschule hegte mit Blick auf seine Faszination von den Urgewalten der Erde damals noch das innige Ziel, später einmal Vulkanologe zu werden. Bekräftigt wurde er bei diesem doch in weiter Ferne liegenden Berufswunsch von seinem Freund aus Kindertagen Marcus Nowak, der mit seinen Eltern im Nachbarhaus wohnte, selbst bereits in jungen Jahren von Mineralien ergriffen war und dem Autor dieses Buches manche schillernden Mineralien und auch vulkanische Produkte für sein Holzregal zukommen ließ.

Beide waren Bundesbahnbeamtensöhne, sie mussten nicht zwingend das Interesse an Naturwissenschaften gewinnen.

Im Laufe der Jahre ist die Zeitungsartikel-Sammlung und auch die kleine Bibliothek mit Büchern zum Thema Vulkanismus stark angewachsen, und der Autor sieht es daher als an der Zeit an, eine Zäsur zu markieren.

Dies geschieht durch das Herausarbeiten eines speziellen Themas, das sich mit dem Vulkanismus im 19. Jahrhundert, die damit verbundene Informationspraxis und die Rezeption seismischer Aktivitäten in literarischen Quellen des 19. Jahrhunderts auseinandersetzt.

**Matthias Blazek**

# Gliederung

# Abkürzungsverzeichnis

| | |
|---|---|
| Abt. | Abteilung |
| Aufl. | Auflage |
| bearb. | bearbeitet |
| d. | der, den |
| ff. | folgend |
| Hrsg. | Herausgeber |
| hrsg. | herausgegeben |
| km | Kilometer |
| m | Meter |
| k. k. | kaiserlich-königlich(e) |
| ord. | ordentlich(er) |
| u. a. | unter anderem |
| vgl. | Vergleiche |
| Vol. | Volume (Band) |
| Zit. n. | Zitiert nach |
| z. B. | zum Beispiel |

# Einleitung

Vulkane sind geheimnisvoll und üben einen gewissen Reiz aus. Das liegt vor allem an ihren imposanten Formen und der Präsentation von Naturgewalten, die von jeher die erdgeschichtliche Entwicklung begleitet haben. Will man vulkanische Aktivität beobachten, muss man als Europäer wenigstens nach Island, Süditalien oder den Kanarischen Inseln reisen. Häufig begnügt man sich dann doch eher mit den verfügbaren Reportagen im Fernsehen.

Und selbst in Deutschland ist die Erde längst nicht zur Ruhe gekommen. Entlang des 40 Kilometer breiten Oberrheintalgrabens, der seit mehr als 50 Millionen Jahren zum Auseinanderbrechen von Schwarzwald und Vogesen geführt hat, bebt die Erde regelmäßig. Das Deutsche GeoForschungsZentrum GFZ in Potsdam hat erst vor wenigen Jahren erklärt, dass es auch heute noch deutschlandweit Vulkanismus gebe. Es ist vor allem der Laacher See, von dem noch Gase aufsteigen und der die Caldera des letzten Vulkanausbruchs in der Osteifel darstellt, und im Ulmener Maar in der Vulkaneifel habe sich vor 11 000 Jahren der letzte bisher bekannte Vulkanausbruch Deutschlands ereignet.

In der vorliegenden Arbeit geht es um den weltweiten Vulkanismus im 19. Jahrhundert, seine Auswirkungen und den damit verbundenen Umgang in Europa und den USA. Das 19. Jahrhundert war die große Zeit des europäischen Kolonialismus. Ende des 19. Jahrhunderts befanden sich 85 Prozent der Erdoberfläche unter Kolonialherrschaft oder in einer halbkolonialen Abhängigkeit. Informationen über Eruptionen gelangten, wenn überhaupt, mitunter nur zögerlich nach Europa.

Die Zeit der großen Vulkanologen, wie dem Amerikaner Frank A. Perret (1867-1943), der besonders mit seinen Forschungen zum Vesuv, zum Kilauea sowie zur Montagne Pelée auf sich aufmerksam machte, war noch nicht gekommen. Somit fehlte noch ein genaues Bild vom weltweiten Vulkanismus, und die Schreibweisen der Vulkane erscheinen im 19. Jahrhundert doch mitunter abenteuerlich und orthographisch in etwa an die gängige Aussprache angelehnt.

Jeder, der sich für das Thema Vulkanismus interessiert, weiß, dass im 19. Jahrhundert die große Stunde des Tambora (1815) und des Krakatau (1883) schlug. Die Ausbrüche beider Vulkane verursachten weitreichende und langanhaltende Katastrophen.

So sollen in diesem Buch auch vorwiegend die Eruptionen besprochen werden, die historisch bedeutsam waren, Todesopfer forderten oder aber von Vulkanen ausgingen, die aufgrund ihrer Lage oder Erscheinung eine gewisse Popularität genießen. Schwache Eruptionen, zumal in unbewohnten Gebieten, wurden ohnehin bestenfalls in der wissenschaftlichen Literatur beschrieben. Bewusst hat sich der Verfasser dafür entschieden, im Zitat die in den damaligen deutschsprachigen Darstellungen verwendete Orthographie zu übernehmen.

Es existieren zurzeit geschätzt etwa 1350 aktive Vulkane auf der Welt, 560 auf dem Land und die meisten auf dem Meeresboden.[1]

Die Smithsonian Institution, eine US-amerikanische Forschungs- und Bildungseinrichtung mit Sitz in Washington D.C., geht davon aus, dass im Holozän, dem gegenwärtigen Zeitabschnitt der Erdgeschichte, der vor etwa 11 700 Jahren mit der Erwärmung der Erde begann, 1495 Vulkane ausgebrochen oder anderweitig vulkanisch aktiv waren.

La Montagne Pelée: L'ancien lac des Palmistes et le Dôme, Leboullanger, Fort-de-France, ca. Juni 1902. Am 8. Mai 1902 verwüstete eine aus der Montagne Pelée ausgetretene glühende Aschewolke die Karibikinsel Martinique. Schätzungsweise 29 000 Menschen verloren ihr Leben. Sammlung Blazek

Izor' Ivanovitch Gushchenko erarbeitete in einer Pionierarbeit 1979 in russischer Sprache einen 475-seitigen Katalog der Vulkanausbrüche auf der ganzen Erde. Er gibt insgesamt 608 Vulkane an und verfolgt die Ausbrüche zum Teil bis ins Hochmittelalter (Merapi, 1006) zurück. Der französische Vulkanologe Haroun Tazieff (1914-1998), Autor mehrerer Bücher zum Thema Vulkanismus auf der ganzen Welt, publizierte Gushchenkos Ergebnisse im Anhang zu seinem Buch „ça sent le soufre" (1980) und erweiterte sie auf 933 in geschichtlicher Zeit aktive Vulkane, deren Standort er auf einer beigelegten Karte eintrug und deren Ausbruchsjahre er weitgehend ermittelte.

Manche Vulkanausbrüche haben riesige Ausmaße, andere wiederum sind kaum zu bemerken. Vor gut 74 000 Jahren brach der Supervulkan Toba auf Sumatra aus und verursachte einen vulkanischen Winter, in dessen Folge beinahe die gesamte Menschheit ausstarb. Es wird angenommen, dass der Ausbruch die Menschheit auf einige Tausend Individuen dezimierte. Der 87 Kilometer lange und 27 Kilometer breite Tobasee lässt die Ausmaße dieses Ausbruchs erahnen.[2]

Der Bogen soll in der vorliegenden Arbeit gespannt werden, ausgehend von Nordamerika über Südamerika, Europa, Afrika, Asien und Australien bis Antarktika.

## Nordamerika

Amerika ist ein Doppelkontinent der Erde, der aus Nordamerika (mit Zentralamerika) und Südamerika besteht, häufig aber auch in Nord-, Mittel- und Südamerika aufgeteilt wird. An der Westküste hat Amerika Anteil am Pazifischen „Feuerring" (Ring of Fire), der im Norden bei den Aleuten beginnt und sich durch Alaska, Kanada, den USA und Mexiko zieht. Von dort erstrecken sich die Vulkane weiter entlang der Westküste Mittelamerikas bis nach Feuerland in Südamerika. Der mit dem asiatischen und australischen Anteil etwa 40000 Kilometer lange „Feuergürtel" setzt sich aus rund 300 aktiven Vulkanen zusammen.[3]

An dieser Stelle erscheint die Vorstellung der wohl wichtigsten Theorie der Geowissenschaften, der „Theorie der Plattentektonik" (Tektonik = Lehre vom Bau und von Bewegungsvorgängen der Erdkruste), angebracht.

Die Theorie der Plattentektonik ist seit mehr als 50 Jahren etabliert. Sie ist die Grundlagentheorie zur Erklärung von Vorgängen in der Erdkruste und im obersten Erdmantel.

Mit dieser Theorie werden heute hauptsächlich Erdbeben und Vulkanismus erklärt. Sie liefert die Erkenntnis, dass die Erdkruste aus zwei unterschiedlichen Materialien besteht. Die leichte kontinentale Kruste besteht im Wesentlichen aus Granit, die schwere ozeanische Kruste aus Basalt.

Die großen Lithosphärenplatten der Erde bestehen sowohl aus kontinentaler Kruste als auch aus ozeanischer Kruste. Wie im Fall von Indonesien als auch im Fall von Amerika, wird wasserreiche ozeanische Kruste und Lithosphäre in den Erdmantel zurückgeführt (subduziert). Der hohe Wassergehalt der ozeanischen Kruste ist auf die Hydrothermalaktivität an den mittelozeanischen Rücken, an denen ständig neue ozeanische Kruste durch untermeerischen Vulkanismus gebildet wird, zurückzuführen. Die neu gebildete heiße Kruste wird mit Meerwasser regelrecht durchgekocht und es bilden sich wasserreiche Minerale. Wenn ständig neue Ozeankruste durch Teilaufschmelzung des Erdmantels gebildet wird, muss an anderer Stelle Ozeankruste wieder in den Erdmantel zurückgeführt werden. Das funktioniert dadurch, dass Ozeankruste von den Mittelozeanischen Rücken wegtransportiert wird und abkühlt. Dadurch nimmt die Dichte zu. Daher kann dann an Lithosphärenplattenrändern die Ozeankruste zurück in den Erdmantel abtauchen. Hier gibt es zwei Möglichkeiten:

1. Ozeankruste taucht unter Ozeankruste ab → Inselbogenvulkanismus

2. Ozeankruste taucht unter kontinentale Kruste ab → Andesitischer Vulkanismus an Rändern der kontinentalen Kruste

Beim Zurückführen der Ozeankruste in den Erdmantel wird in beiden Fällen die wasserhaltige basaltische Kruste durch Druck- und Temperaturerhöhung in wasserarme Gesteine umgewandelt. Das Wasser wird freigesetzt und führt im darüber liegenden Erdmantel zur Teilaufschmelzung. Das wasserreiche Magma (bis zu 10 Gewichtsprozent Wasser) steigt auf und verursacht letzten Endes oberhalb der Subduktionszonen den explosiven Vulkanismus, der durch Wasserfreisetzung und dem dadurch verursachten Aufschäumen bis hin zum explosiven Zerplatzen des Magmas bei niedrigem Druck getrieben ist.[4]

Ein Ausbruch des **Mount Rainier** in den Cascade Mountains, USA, soll im Jahr **1882** „gewaltige Schlammlawinen" verursacht haben. Wann der 4392 Meter hohe, eis- und schneebedeckte Berg, der Größte der Vulkane des Kaskadengebirges, tatsächlich zuletzt ausgebrochen ist, darüber herrscht Uneinigkeit. Der letzte Bimssteinausbruch ereignete sich in der ersten Hälfte des 19. Jahrhunderts. Zwischen 1820 und 1854 berichten Beobachter von mindestens 14 Eruptionen. Sie waren demnach allerdings zumeist eher geringfügig, und der heiße Dampf, der heute von dem inneren Gipfelkrater ausgeht, legt nahe, dass der Vulkan zwar ruht, wenn auch unruhig.

Diese Postkarte mit Grüßen aus Seattle und einem Foto des Mount Rainier wurde am 8. September 1901 in Port Gamble im US-Bundesstaat Washington auf den Weg gebracht. Sie wurde adressiert an W. Edelmann, Osterstr. 31 in Hamburg. Da heißt es: „Lieber Vater wir gehen anfang oder mitte Oktober von hier (h) weg und denken anfang März wieder in Hamburg zu sein. Wir hörten hier das (sic!) Mc Kinly erschossen wurde und ein Schuß oben überm Herz und ein Schuß eben unterm Herz bekommen. Die Leute scheinen ihn gerne zu leiden wie hier es scheint. Grüße Mutter(,) Willy und Ernst Mit herzlichem Gruß Max" Der Hintergrund: William McKinley, Jr. (1843-1901), 25. Präsident der Vereinigten Staaten von Amerika, war am 6. September 1901 einem Attentat zum Opfer gefallen.

Im Jahr **1843**, als Captain J. C. Fremont (1813-1890), einer der führenden Entdecker des westlichen Amerikas in den 1830er Jahren, den heutigen US-Bundesstaat Washington erkundete, sah er die Vulkane Mount Rainier und Mount St. Helens in Aktivität. Nur Rauch und Dampf kamen vom Mount Rainier, aber Asche rührte mutmaßlich von einem kürzlich erfolgten Ausbruch des Mount St. Helens her. Fremont schrieb seinen Bericht am 13. November 1843: „(...) Wo auch immer wir in Kontakt mit den Felsen dieser Berge kamen, fanden wir sie vulkanisch, was wahrscheinlich der Charakter der Reihe ist, und zu der Zeit waren zwei der großen schneebedeckten Kegel, Mount Regnier und St. Helens, aktiv. Am 23. des vorigen November hatte St. Helens seine Asche wie einen leichten Schneefall über die 50 Meilen entfernte the Dalles of the Columbia [das heutige The Dalles in Oregon] gestreut, eine Probe dieser Asche wurde mir von Mr. Brewer gegeben, eines der Geistlichen in the Dalles (...)"

Der zuletzt gemeldete Ausbruch des Mount Rainier erfolgte gemäß der International Volcanological Association (1960) im Jahr 1882. „Spokan Times", die Tageszeitung von Spokane in Washington, lieferte in ihrer Ausgabe vom 8. April 1882 allerdings ein eher unklares Bild: „Rainier gab gestern allen Anschein, ausgebrochen zu sein. Ungeheure Mengen weißen Dampfes rollten den ganzen Tag lang in der Nähe des nördlichen Gipfels auf, die eine Zeitlang fast senkrecht aufstiegen und nach Norden oder Süden drifteten, wenn Winde aufkamen. Keine Flammen waren sichtbar, und es könnte Nebel gewesen sein, aber wir zweifeln daran. – Courier."

La Vue du mont Iztaccihuatl (la Femme blanche). – Dessin de Sabatier d'après M. Laveirière. Blick auf den Berg Iztaccíhuatl („weiße Frau"). Aus: Le Tour du Monde – Nouveau Journal des Voyages, Paris 1861, S. 168. Digitale Sammlung Blazek

Am 20. Juli **1868** brach der **Iztaccíhuatl** bei Puebla (Mexiko), der mit 5230 Metern dritthöchste Berg Mexikos, aus. Dieser Berg war seit seiner Entdeckung nur als erloschener Vulkan bekannt und nun, nach einer vollständigen Ruhe von ungefähr 400 Jahren, begann derselbe wieder seine Tätigkeit. Die Eruption war durch einen großen Schlammstrom ausgezeichnet, welcher sich statt eines Lavastroms aus dem Innern des Berges ergoss.[5] Die „Wöchentlichen Anzeigen für das Fürstenthum Ratzeburg" in Schönberg berichteten in ihrer Ausgabe vom 6. November 1868 über den Ausbruch des hohen Vulkans in Mexiko: „Der Vulkan Ixtuccihuate bei Puebla in Mexiko, der sich seit Tausenden von Jahren mäuschenstill verhalten hat, speit seit dem 21. Juli Feuer, Flammen, Gase und Steine. – Die Erde ist seit mehreren Monaten in gewaltiger innerer Aufregung, die sich durch Erdbeben und vulkanische Ausbrüche bemerkbar macht."

Die „Wöchentlichen Anzeigen für das Fürstenthum Ratzeburg" berichteten in ihrer Ausgabe vom 19. Januar **1892** über den Ausbruch des 3850 Meter hohen Vulkans **Colima** in der Sierra de Tapalpa in Westmexiko: „Dem ‚New-York Herold' wird gemeldet, daß der Vulkan bei Colima (Mexiko) noch immer in Thätigkeit ist. Die Gewalt der Explosionen ist so groß, daß man sie auf Meilen in der Runde hören kann."

Der berühmte, 5462 Meter hohe Popocatépetl („rauchender Berg"), der Riese der mexikanischen Vulkane, ist ein aktiver Vulkan und zugleich der höchste Gipfel der mexikanischen Kordilleren. Er ist mit ewigem Schnee bedeckt. Der Popocatepetl und der Pico del Fraile (pic du Moine), ein riesiger Stein am Hang des berühmten Vulkans, Zeichnung von Taylor nach einer Photographie, aus: Des Anciennes villes du Nouveau monde von Désiré Charnay, 1885. Digitale Sammlung Blazek

## Mittelamerika

**La Soufrière** auf der Kleine-Antillen-Insel St. Vincent in der Karibik, einer British West Indies-Kolonie, deren Wirtschaft auf Plantagensklaverei basierte, hatte im Zeitraum 27. April bis 9. Juni **1812** einen bedeutenden Ascheausbruch. Der aktive Stratovulkan überragt mit einer Gipfelhöhe von 1220 Metern den nördlichen Inselteil und besitzt einen Kratersee.

Der mit einem Erdbeben einhergehende Ausbruch von 1812 hatte sich angekündigt, wie im „Journal für Chemie und Physik" (1832) zu lesen ist: „Den Gipfel des Monte Garou, höchster Berg der Insel St. Vincent, fand Dr. Chisholm am 26. April 1812 mit Schwefel bedeckt. Auch drangen oben Schwefeldämpfe aus vielen Ritzen hervor. Auf der Insel St. Lucie bedeckt der Schwefel an vielen Orten den Boden."[6] Am 27. April öffnete sich in der Nähe des Soufrière-Kraters eine Eruptionsspalte, aus der eine dicke Wolke aus Asche und brennenden Steinen hervortrat.[7] 56 Tote waren zu beklagen.[8]

Dazu die Monatsschrift „Die Erdbebenwarte", 1907: „(…) Da die Dämpfe, die Hawkins sah, nach der Schilderung hauptsächlich aus schwefliger Säure bestanden haben müssen, die auf Pflanzenwuchs sehr giftig wirkt, scheint dieser Beobachter schon damals, am 25. oder 26. April 1812, Augenzeuge der beginnenden Tätigkeit gewesen zu sein. Dafür spricht auch die auffallend verschiedene Temperierung der beiden Quellen. Der eigentliche Ausbruch setzte unter Erdbeben am Mittag des 27. April 1812, eines Montags, ein. ‚Wenige Sekunden, und eine schwarze Rauchsäule brach aus dem Krater hervor, stieg in kreisenden Wirbeln himmelan und ließ eine ungeheure Menge Asche und verglaster Erdteile hinter sich. Es war wie ein Wolkenbruch. Die Felder wurden mehrere Zoll hoch überdeckt.

Am 28. und in verstärktem Maße am 29. April dauerte der Aschenregen fort. Am Abend des 29., dessen Mittag in Kingstown nur eine Art Dämmerungslicht gebracht hatte, brachen Flammen aus und fielen Steine.'"

Ein „Negerjunge", der Rinder auf der Bergseite hütete, sah am 27. April 1812 in seiner Nähe Stein um Stein vom Himmel fallen. In dem Glauben, dass andere Jungen ihn von den Klippen oben bewarfen, begann er das Feuer zu erwidern, als eine größere Dusche mit Steinen, „die keine menschliche Hand führen konnte", den Jungen um sein Leben rennen und das Vieh ihrem Schicksal überlassen ließ. Aus dem Krater entstand eine schwarze Wolkensäule aus Staub, Asche und Stein. „Drei Tage und Nächte brüllte der Berg."[9]

Joseph Mallord William Turner (1775-1851), der als größter britischer Maler seiner Zeit gilt, malte 1815 ein beeindruckendes Gemälde vom Ausbruch des Vulkans Soufrière am 30. April 1812. In dem ansonsten schwarzen Meer spiegelt sich der Ausbruch des Vulkans, dessen Geschosse vor einem schwarzen Himmel eindrucksvoll zur Geltung kommen. Das Bild ziert die Titelseite dieses Buches.

In den „Mitteilungen der Sektion für Naturkunde des Österreichischen Touristen-Clubs" heißt es dann noch im Jahr 1903 (S. 16): „In dem südlichen Teile der Insel ist die vulkanische Tätigkeit längst erloschen, während am Nordende die noch tätige Soufrière liegt, ein Vulkankegel von 4018 Fuß Höhe, mit einem fast kreisförmigen Krater von etwa einer Meile im Durchmesser, der stark an den Vesuv erinnert. Auf dem Nordostrande des Hauptkraters befindet sich ein kleinerer, der nur eine Drittel Teile im Durchmesser hat und als ‚Neuer Krater' bekannt ist, da er bei dem Ausbruch von 1812 entstanden sein soll."

„Die Gestalt der Soufriere mag durch ihre letzte Eruption vom Jahre 1812, welche übrigens nur Asche und keine Lava gefördert haben soll, erzeugt worden sein", heißt es 1902 in der Zeitschrift „Globus".[10]

Im Verlauf der Eruption von 1812 blies La Soufrière so viel Asche in die Atmosphäre, dass es die Insel einen ganzen Tag lang in völlige Dunkelheit hüllte. Napoleon-Biograph John Tarttelin bringt die vulkanischen Aktivitäten jener Jahre mit dem Hegemoniestreben Napoleons (1769-1821) in Zusammenhang. Er schreibt (2010): „Mit den Eruptionen des Saint George auf den Westindischen Inseln im Jahre 1810, dem Ätna auf Sizilien 1811 und La Soufrière 1812 kam es zu einer ‚ständigen Auffüllung der vulkanischen Staubspeicher', 19 in der Atmosphäre – und es war Napoleons ruhmreiches Imperium, das in diesen kombinierten staubgetriebenen Sonnenuntergängen verschwinden sollte."[11]

Am 30. April 1812, gerade als der Ausbruch endete, hörte man in Caracas und anderen Orten einen Lärm, der dazu führte, dass die Stadt in den Verteidigungszustand gesetzt wurde, da man damit rechnete, sich gegen eindringende Truppen mit schweren Waffen verteidigen zu müssen.[12]

Der Ilopango ist ein 442 Meter hoher Vulkan im mittelamerikanischen El Salvador. In seiner Caldera liegt der nach dem Vulkan benannte Ilopango-See. Diese Zeichnung, abgebildet in Appleton's Annual Cyclopaedia and Register of Important Events of the Year 1891 (New York 1892), zeigt die Entstehung der Islas Quemadas im Jahr 1880. Digitale Sammlung Blazek →

Der 859 Meter hohe Schichtvulkan **Cosigüina**, auch unter der Bezeichnung Vulkan Cosegüina bekannt, liegt auf der gleichnamigen Halbinsel am Golf von Fonseca im Westen von Nicaragua. Sein heftigster Ausbruch war im Jahr **1835** und sein letzter im Jahr 1859. Mit einem lauten Knall explodierte am 20. Januar 1835 die Spitze des Vulkans. Das Maximum des Aschenausbruchs erreichte der Cosigüina am 23. Januar um 1 Uhr. Ein Gesteinsregen tötete über 300 Menschen. Es wurde berichtet, „that wild beasts, howling, left their caves, and snakes and leopards fled for shelter to the abodes of men", dass „die wilden Tiere heulend ihre Höhlen verließen und Schlangen und Leoparden Schutz suchend zu den Wohnstätten der Menschen flohen". Nach fünf Tagen war die Eruption, die

18

als größte seit Beginn der spanischen Kolonisation in Mittelamerika angesehen wird, beendet.[13]

## Südamerika

In Chile befindet sich der Ojos del Salado, der mit einer Höhe von 6893 Metern als höchster aktiver Vulkan der Erde gilt. Der Vulkan ist ruhig, man beobachtet am Krater aber noch immer den Ausstoß von schwefelhaltigem Wasserdampf.[14] Über seinen Mittelgipfel verläuft die Grenze zwischen Argentinien und Chile. Der Llullaillaco mit 6739 Metern und der 6071 Meter hohe Guallatiri, einer der aktivsten Vulkane in den Anden, beide ebenfalls in Chile, beschließen das Trio der höchsten aktiven Vulkane weltweit.

Der **Nevado del Ruiz** in Kolumbien, mit einer Höhe von 5389 Metern zweithöchster aktiver Vulkan auf der nördlichen Erdhalbkugel, hatte vom 19. Februar **1845** einen bedeutenden Ausbruch, der etwa 1000 Todesopfer forderte.

Damals lag die Erstbesteigung dieses Vulkans, der bis in die Gegenwart durch seine katastrophalen Ausbrüche von sich reden gemacht hat, gerade einmal zwei Jahre zurück. Die Brüder Carl und Wilhelm Degenhardt, Söhne des Oberpochsteigers (= Leiter des Aufbereitungsbetriebes) Johann Degenhardt aus Clausthal, bestiegen das Massiv im Zuge „einer wissenschaftlichen Exkursion" im Juli 1843 und stellten eine Höhe desselben von 6000 Metern fest. Carl (Carlos) Degenhardt war Direktor der Gold-Bergwerke zu Marmato am Caucastrom in der Provinz Popayan, gemeinsam mit seinem Bruder war er von der 1829 gegründeten Bergbaugesellschaft Western Andes Mining Co. Ltd. (London) beauftragt worden, die Marmato-Minen zu verwalten. Carl Degenhardt, der mit seinem Bruder 1835 in der damaligen Republik Neugranada (1831-1860, Kolumbien und Panama) eintraf, um den Engländer William Leay zu ersetzen, wurde von dem berühmten Naturforscher Baron Alexander von Humboldt (1769-1859) als „ein aufmerksamer und scharf beobachtender Reisender" bezeichnet. Er selbst starb bereits wenige Monate nach der Besteigung des Nevado del Ruiz.[15]

Eine explosive Eruption im Hauptkrater Arenas verursachte am Morgen des 19. Februar 1845 im Hochgebirge eine gewaltige Schneeschmelze. Dadurch wurde ein Schlamm- und Schuttstrom (Lahar) in Bewegung gesetzt, der mit dem Río Lagunilla ins Tal rutschte. Etwa tausend Menschen, überwiegend Feldarbeiter, die auf einer Tabakplantage arbeiteten, wurden getötet. Bereits infolge eines Ausbruchs am 12. März 1595 hatten sich Schlammströme durch die Täler des Río Guali und des Río Lagunilla gewälzt und waren bis zum Río Magdalena vorgestoßen.

Der in Neugranada beheimatete Geologe Joaquín Acosta (1800-1852), der von 1825 bis 1830 in Paris Geologie studiert hatte (und später noch einmal 1845-1849), war zufällig vor Ort, als sich die Katastrophe ereignete. Er brachte später seine Beobachtungen zu Papier, die er zwei französischen wissenschaftlichen Zeitschriften zur Verfügung stellte („La descripción de la erupción del Nevado de Ruiz en 1845 por Joaquín Acosta").

Eine wortgetreue Übersetzung des Aufsatzes befindet sich in „Franz Arago's sämmtlichen Werken" (1860):[16]

„1845. – 19. Februar. Neu-Granada. Der Oberst Joaquin Acosta hat der Akademie der Wissenschaften folgende Mittheilung gemacht: „Gegen 7 Uhr Morgens hörte man ein starkes unterirdisches Geräusch an den Ufern des Magdalenenstroms, zwischen zwei um mehr als 4 Myriameter von einander entfernten Punkten. Diesem plötzlichen Geräusche folgte ein Erdbeben. Dann ergoß sich vom Nevado de Ruiz durch den Rio Lagunilla, dessen Quellen bei der vulkanischen Gruppe Ruiz liegen, eine ungeheure Flut dicken Schlammes, welche das Bett dieses Flusses schnell ausfüllte, Bäume und Häuser bedeckte oder mit fortriß, und Menschen und Thiere begrub. Die ganze Bevölkerung des obern und engsten Theiles des Lagunilla-Thales ist umgekommen. In dem untern Theile retteten sich mehrere Personen dadurch, daß sie seitlich nach den Höhen flohen; andere blieben auf den Gipfeln von kleinen Bergen abgeschnitten, wo es unmöglich war, ihnen zeitig genug zu Hülfe zu kommen, um sie dem Tode zu entreißen. Man rechnet die Zahl der Opfer auf 1000. (…)""

**Das Ausland.**

Ein Tagblatt

für

Kunde des geistigen und sittlichen Lebens der Völker.

Nr. 149.     29. Mai 1846.

**Ausbruch des Vulcans von Ruiz.**

In der Sitzung der französischen Akademie vom 27 April dieses Jahrs las Hr. Boussingault ein Schreiben des Hrn. J. Acosta vor über den Schlammausbruch des Vulcans von Ruiz und die Katastrophe von Lagunilla. Am 19 Febr. 1845 um 7 Uhr Morgens vernahm man an den Ufern des Magdalenenstroms von der Stadt Ambalema an in der Ausdehnung von 40 Myriametres ein unterirdisches Geräusch hören, dem bald, jedoch auf einer minder ausgedehnten Fläche ein Erdbeben folgte. Kurz darauf sah man von dem Nevado de Ruiz durch den Rio Lagunilla einen ungeheuren Strom dicken Schlamms herabkommen, der das Bett des Flusses ausfüllte, sich über die Ufer ausbreitete, und alles auf seinem Wege überdeckte und mit sich fortriß. Die Gesammtbevölkerung des obern schmalen Theils des Lagunilathals kam um, im untern Theil gelang es mehrern sich auf die Seitenhöhen zu flüchten, andere minder glücklich fegten sich auf die Gipfel einiger Hügel im Thal zurück, wo sie völlig isolirt waren, so daß man ihnen unmöglich zu Hülfe kommen konnte und sie vor Hunger umkamen. Die Zahl der Umgekommenen belief sich auf etwa tausend Menschen. Als der Strom von Schlamm in die Ebene angekommen war, theilte er sich in zwei Arme, wovon der eine dem Bette des Lagunilla folgte, der andere aber beinahe rechten Winkel gegen Norden machte und das Thal des Santo Domingo durchzog, wo er alles niederstürzte und auf seinem Wege ganze Wälder fortriß, welche in den Fluß Sabandija einen ungeheuren Damm bildeten. Eine furchtbare Ueberschwemmung dieses Thales wäre die Katastrophe vollendet, wenn nicht in der Nacht ein starker Regen eingetreten wäre, der das Wasser im Fluß dermaßen anschwellte, daß es sich durch die Masse von Bäumen, Sand, Feldstücken und stinkendem Koth, die untermischt mit großen Eisblöcken von den höheren heruntergekommen waren, einen Weg bahnte. Die Eisblöcke waren so zahlreich, daß sie selbst in den warmen Wasser dieses Thales unter einer Temperatur von 28 bis 29° mehrere Tage zum Schmelzen brauchten. Es war ein seltsames Schauspiel, die warmen Gewässer des Magdalenenstroms mächtige Eisblöcke fließen zu sehen.

Der von den Trümmern und Schlamm überdeckte Raum betrug über vier Quadratleguas, und bei dem Anblick einer Wüste, auf deren Oberfläche Haufen zerbrochener, großer Bäume emporragten. Die Tiefe der Schlammschichte wechselte sehr; im obern Theile des Thals erreichte sie ihr Maximum und betrug 5 bis 6 Metres; Hr. Acosta rechnet, daß die Schlammmasse 300 Millionen Tonnen übersteig. Die Ursachen der furchtbaren Katastrophe sind gänzlich unbekannt. Wie bei ähnlichen Erscheinungen zu andern Zeiten und an andern Orten Amerika's, namentlich zur Zeit des großen Erdbebens vom Jahre 1828, bemerkte man in den Strömen eine ungeheure Menge todter Fische.

**Amerikanische Skizzen.**

**Rafters.**

(Schluß.)

Die Raftsleute hatten sich dieses urplötzliche Zusammenrennen übrigens sehr ruhig und gleichgültig mit angesehen, denn für die Fahrzeuge brauchten sie allerdings nichts zu fürchten, dem hätten hundert Dampfboote keinen Schaden zufügen können, desto ängstlicher und besorgter stürzte aber auf dem Dampfboot aus einem Raum in den andern, untersuchte auf das genaueste die sorgfältigste die keineswegs stark gearbeiteten Seitenwände, und beruhigte sich erst dann, als man fand daß das schöne Boot nicht den mindesten Schaden genommen, sondern mit seinem Vordertheil gerade zwischen zwei ungeheure Cypressenstämme eingeklemmt hatte, und nun auch das Raft durch die Gewalt der Maschine getrieben, wohl an vierzig Fuß hinaufgestoßen war.

Der „Persian" war, wie schon gesagt, ein sehr starkes Boot und musterte etwa 20 Feuerleute und 14 Deckhands oder Matrosen; der Capitän also, nach kurzem Bericht über die Untersuchung erstattet war, gab sehr kaltblutig den Befehl: „Over board, and cut her loose!" *)

*) Ueber Bord und haut sie los.

149

In der Sitzung der Akademie der Wissenschaften in Paris vom 27. April 1846 wurde der analytische Bericht Acostas vom Mitglied der Akademie Jean-Baptiste Boussingault (1802-1887) verlesen. Darüber berichtete am 29. Mai 1846 „Das Ausland. Ein Tagblatt für Kunde des geistigen und sittlichen Lebens der Völker", eine in der J. G. Cotta'schen Buchhandlung in Stuttgart erschienene Zeitschrift:[17]

„Ausbruch des Vulkans von Ruiz.

In der Sitzung der französischen Akademie vom 27. April dieses Jahrs las Hr. Boussingault ein Schreiben des Hrn. J. Acosta vor über den Schlammausbruch des Vulcans von Ruiz und die Katastrophe von Lagunilla. Am 19. Febr. 1845 um 7 Uhr Morgens ließ sich an den Ufern des Magdalenenstroms von der Stadt Ambalema an in der Ausdehnung von 40 Myriametres ein unterirdisches Geräusch hören, dem bald, jedoch auf einer minder ausgedehnten Fläche ein Erdstoß folgte. Kurz darauf sah man von dem Nevado de Ruiz durch den Rio Lagunilla einen ungeheuren Strom dicken Schlamms herabkommen, der das Bett des Flusses ausfüllte, sich über die Ufer ausbreitete, und alles auf seinem Wege überdeckte und mit sich fortriß. Die Gesammtbevölkerung des obern schmalen Theils des Lagunillathals kam um, im untern Theil gelang es mehrern sich auf die Seitenhöhen zu flüchten, andere minder glücklich zogen sich auf die Gipfel einiger Hügel im Thale zurück, wo sie völlig isolirt waren, so daß man ihnen unmöglich zu Hülfe kommen konnte und sie vor Hunger umkamen. Die Zahl der Umgekommenen belief sich auf etwa tausend Menschen. Als der Strom von Schlamm in der Ebene angekommen war, theilte er sich in zwei Arme, wovon der eine dem Bette des Lagunilla folgte, der andere aber beinahe einen rechten Winkel gegen Norden machte und das Thal des Santo Domingo durchzog, wo er alles niederstürzte und auf seinem Wege ganze Wälder fortriß, welche in dem Fluß Sabandija einen ungeheuren Damm bildeten. Eine furchtbare Überschwemmung hätte die Katastrophe vollendet, wenn nicht in der Nacht ein starker Regen eingetreten wäre, der das Wasser im Fluß hinreichend anschwellte, daß es sich durch die Masse von Bäumen, Sand, Felsstücken und stinkendem Koth, die untermischt mit großen Eisblöcken von den Cordilleren heruntergekommen waren, einen Weg bahnte. Die Eisblöcke waren so zahlreich, daß sie selbst in dem warmen Wasser dieses Thals unter einer Temperatur von 28 bis 29° mehrere Tage zum Schmelzen brauchten. Es war ein seltsames Schauspiel, die warmen Gewässer des Magdalenenstromes mächtige Eisblöcke flößen zu sehen.

Der von den Trümmern und Schlamm überdeckte Raum betrug über vier Quadratleguas, und bot den Anblick einer Wüste, auf deren Oberfläche Haufen zerbrochener, großer Bäume hervorragten. Die Tiefe der Schlammschichte wechselte sehr; im obern Theile des Thals erreichte sie ihr Maximum und betrug 5 bis 6 Metres. H. Acosta rechnet, daß die Schlammmasse 300 Millionen Tonnen überstieg. Die Ursachen der furchtbaren Katastrophe sind gänzlich unbekannt. Wie bei ähnlichen Erscheinungen zu andern Zeiten und an andern Orten Amerika's, namentlich zur Zeit der großen Erdbeben vom Jahre 1828, bemerkte man in den Strömen eine ungeheure Menge todter Fische."

In den „Annalen der Physik und Chemie" folgte 1846 eine zusammenfassende Darstellung aufgrund des Berichtes des Geologen Acosta:[18]

## „XV. *Schlammauswurf des Vulcans von Ruiz.*

Am 19. Febr. 1845, Morgens sieben Uhr, hörte man längs dem Magdalenenflusse, von der Stadt Ambalema bis zum Dorfe Mendez, d. h. auf einer Strecke von mehr als 5 Meilen, ein starkes unterirdisches Getöse, dem ein Erdstoß folgte. Darauf wälzte sich durch den Rio Lagunilla, der am Nevado de Ruiz entspringt, eine ungeheure Masse dicken Schlamms herunter, die Bäume und Häuser mit fortriß, Menschen und Thiere verschlang. Die ganze Bevölkerung des oberen Lagunilla-Thals, etwa 1000 Seelen, ward ein Opfer dieser Fluth. Bei Ankunft in der Ebene theilte sich der Schlammstrom in zwei Arme; der eine, der beträchtlichere, folgte dem Laufe des Lagunilla und ergoß sich so in den Magdalenenfluß; der andere, nachdem er eine ziemliche Anhöhe überstiegen, wandte sich, fast winkelrecht, gegen Norden in das Thal von Santo-Domingo, riß daselbst ganze Wälder nieder und stürzte sie in den Sabandijafluß, der dadurch verstopft wurde. Der Fluß schwoll an und es drohte eine furchtbare Ueberschwemmung einzutreten, als glücklicherweise ein nächtlicher Regen dem stinkenden Schlamm durch die Masse von Sand, Steinen, zertrümmerten Baumstämmen und ungeheuren Eisblöcken einen Abzug verschaffte. Die Eisblöcke waren von einer Höhe von 4800 Meter, der Schneegränze unter dieser Breite (4° 50'), herunter gekommen, und, ungeachtet der hohen Temperatur dieser Thäler (28 bis 29° C.) noch nicht ganz geschmolzen. Seit Menschengedenken war es das erste Mal, daß die Bewohner der heißen Ufer des Magdalenenstromes gefrornes Wasser sahen. Mehre Personen erfroren sogar. Es war ein seltsames Schauspiel, Eisschollen auf den lauen Wellen des Magdalenenstromes treiben zu sehen. Man schätzt die Schlammmasse, die eine Höhe von 5 bis 6 Meter besaß, auf 300 Millionen Tonnen. Was die Ursache der Katastrophe wär, weiß man noch nicht; allein nach Hrn. Degenhart, der den Vulcan von Ruiz i. J. 1843 untersuchte und seine Höhe zu 6000 Meter bestimmte, hatte dieser schon früher einmal einen solchen Schlammausbruch, und zwar am Nordabhang, während er dießmal an der Südseite erfolgt zu seyn scheint. (Bericht des Obersten Joaquin Acosta in der *Compt. rend. T. XXII, p.* 709.)"

Der zunächst durch ein Erdbeben aktivierte Vulkan **Cúcuta** in Kolumbien ergoss am 18. Mai **1875** glühende Lava über die Stadt. Durch beide aneinandergekoppelte Katastrophen starben über 16000 Menschen. „1875. Vermischtes. Ueber das Erdbeben in Neu-Granada, wodurch mehrere Städte ganz oder größtentheils zerstört wurden und viele Tausende von Menschen zu Grunde gingen, liegen die folgenden Einzelheiten vor: Das Erdbeben fand am 18. Mai nach 11 Uhr Vormittags statt. In Salazar, sieben spanische Meilen von Cucuta, fiel die Kirche und mehrere Häuser ein, und einige Personen wurden getötet. Die Stadt Cucuta wurde vollständig vernichtet, und nur wenigen Familien gelang es sich zu retten. (…)"[19]

**Vermischtes.**

Ueber das Erdbeben in Neu-Granada, wodurch mehrere Städte ganz oder größtentheils zerstört wurden und viele Tausende von Menschen zu Grunde gingen, liegen die folgenden Einzelheiten vor: Das Erdbeben fand am 18. Mai nach 11 Uhr Vormittags statt. In Salazar, sieben spanische Meilen von Cucuta, fiel die Kirche und mehrere Häuser ein, und einige Personen wurden getödtet. Die Stadt Cucuta wurde vollständig vernichtet, und nur wenigen Familien gelang es sich zu retten. Die deutsche Apotheke wurde durch Feuer aus dem Vulkan, der beständig Lava auswarf, in Brand gesteckt. Dieser Vulkan öffnete sich gegenüber Santiago in einem Bergrücken, El Alto de la Giracha genannt. San Capetano wurde vollständig zerstört, Santiago größtentheils; ebenso Gramalotte, Arboleda, Cucutila und San Ceisobal, Städte mit einer Bevölkerung von 2 — 6000 Einwohnern. Der betroffene Landstrich ist Grenzland von Neu-Granada (Columbia) und Venezuela; der zum ersteren Lande gehörige Theil umfaßt den Staat Santander. In manchen Beziehungen ist derselbe der fruchtbarste der Republik; besonders der von dort kommende Kaffee ist bekannt. San Jose de Cucuta aber war die wichtigste Stadt des Bezirkes, sie lag an der Grenze der Republik Columbia unter dem 7,30° n. B. und 72,10° w. L., und war von Juan de Marten 1554 gegründet worden. Es war ein Haupt-

handelsplatz und das Zollamt hatte einen Sitz daselbst. Die Bevölkerung zur Zeit des Unglücks betrug 18000 Seelen. Auch in Bogota und anderen umliegenden Orten wurden heftige Erdstöße verspürt. Die Bewegung dauerte etwa 45 Sekunden.

München, den 2. Juli. Auf unserem Kugelfang, auf welchem gestern Nachmittag eine Infanterie-Abtheilung mit Scheibenschießen beschäftigt war, ereignete sich leider das Unglück, daß ein Mann von einer in weiterer Ferne vorbeimarschirenden Artillerie-Abtheilung von einer Kugel getroffen und sofort todt niederstürzte. Da nach Vorschrift die Fahne aufgesteckt war, so scheint es, daß die Abtheilung doch der Schußzeile zu nahe gekommen ist, doch wird erst die sofort eingeleitete Untersuchung das Nähere feststellen.

Nach einer näheren Berechnung beläuft sich der durch die Ueberschwemmungen im südlichen Frankreich verursachte Schaden auf 500 Millionen Francs und sind 3000 Menschen zu Grunde gegangen.

In Valparaiso wüthete am 26. Mai ein Orkan der besonders unter den Schiffen im Hafen arge Verheerungen anrichtete. Mehrere derselben gingen gänzlich zu Grunde, und ein Verlust von 54 Menschenleben ist zu beklagen.

Die Stadt Pest in Ungarn wurde am 26. Juni von einem Unwetter heimgesucht, das an zweihundert Menschenleben gefordert haben soll. Dasselbe begann um 5 Uhr Abends und schon nach wenigen Minuten war mehr als die Hälfte der Pester Kellerwohnungen

Furchtbar war das Erdbeben von Cucuta in Neu-Granada (Kolumbien), wo vom 16. bis 18. Mai 1875 mehrere Städte und viele Ortschaften gänzlich zerstört und sonstige Verwüstungen hervorgerufen wurden. Der Verlust an Menschenleben wurde mit 16.000 angegeben. Amts- und Anzeigenblatt für das Königl. Bezirksamt Rothenburg o/T., Montag, 5. Juli 1875. Digitale Sammlung Blazek

Der **Llullaillaco**, vielfach in der Literatur als höchster tätiger Vulkan bezeichnet, stieß letztmalig am 8. Mai **1877** Rauch aus.[20] So heißt es im folgenden Jahr bei Eugen Geinitz (1854-1925): „Nach anderen (‚Deutsche Nachr.' u. a.) sollten auch die Vulkane Llaima, Chillan (?), San Pedro (?), Llullaillaco, Cascanal und Colopi in erneuter Thätigkeit gesehen worden sein. Es sind jedoch diese Nachrichten vorläufig nur mit besonderer Vorsicht aufzunehmen."[21]

Mit seinen 5897 Metern gilt der **Cotopaxi** in Ecuador als der höchste freistehende aktive Vulkan der Welt. Er hatte am 25./26. Juni **1877** einen verheerenden Ausbruch.[22] Erst wenige Jahre zuvor, am 28. November 1872, war der Vulkan das erste Mal durch den deutschen Geologen Wilhelm Reiß (1838-1908) und den Kolumbianer Angel María Escobar, der Ende Februar 1876 am gelben Fieber erkrankte und starb, bestiegen worden, worüber Reiß ausführlich in der „Zeitschrift der Gesellschaft für Erdkunde zu Berlin" (1874) berichtete.

Über die Eruption vom 25./26. Juni 1877 berichtete der Ehrendoktor der Philosophischen Fakultät der Universität Bonn Theodor Wolf (1841-1924) seinem Kollegen Professor Gerhard vom Rath (1830-1888) wenige Woche später:[23]

*„Guayaquil, den 30. Juli 1877.*

*In meinem letzten Briefe vom 30. Juni d. J., in welchem ich Ihnen von dem Aschenregen in Guayaquil berichtete, versprach ich Ihnen zu schreiben, sobald*

*ich etwas Näheres über dessen Ursprung erfahren hätte. Wie ich vermuthet hatte, war es der Cotopaxi, der wieder, wie schon oft in früheren Zeiten, Ecuador in Schrecken setzte. Die Eruption vom 25. und 26. Juni d. J. kann in Bezug auf ihre Großartigkeit und traurige Folgen nur mit der vom 4. April 1768 verglichen werden, wenn sie dieselbe nicht noch übertraf. Schrecklich sind die Berichte, welche über die Verwüstungen aus Quito, Latacunga und Ambato eintrafen, und bei keiner früheren Eruption haben so viele Menschen das Leben verloren.*

*Sobald ich erfahren, daß der Cotopaxi in Thätigkeit getreten, war es mein sehnlicher Wunsch, nach Latacunga zu reisen, um als Augenzeuge, wenn auch nicht die Eruption selbst (zu der ich zu spät gekommen wäre), so doch ihre unmittelbaren Resultate am Vulcan selbst zu studiren. Allein ohne specielle Erlaubniß der Regierung durfte ich eine dreiwöchentliche Reise nach dem Canton Santa Elena, zu der ich einige Tage früher beordert worden, nicht verschieben, und so blieb mein Wunsch unerfüllt. Jedoch hoffe ich, bald einige Wochen Urlaub zu bekommen, um den jetzigen Zustand des Cotopaxi, besondere die neuen Lavaströme untersuchen zu können. Ich berichte Ihnen also vorläufig über die Eruption nach Briefen aus Quito, welche allerdings das Ereigniß nur unvollkommen schildern und wenig wissenschaftlich brauchbares Material liefern.*

*Die Eruption begann am 25. Juni mit einem starken Aschenregen, wie es scheint ohne bedeutende Vorzeichen, wenigstens wurden diesmal keine Erderschütterungen in der Nähe des Cotopaxi bemerkt. Schon um 9 Uhr Morgens war der Aschen- oder vielmehr Sandregen in Latacunga und Macbache so dicht, daß vollständige Finsterniß eintrat und diese dauerte in den Umgebungen des Vulcans volle 36 Stunden. Vom Berg selbst war während der ganzen Dauer der Eruption nichts zu sehen. In der ungefähr 10 Leguas nördlich gelegenen Hauptstadt war am ersten Tage der Aschenregen schwach. — Erst am 26. Juni brach der Cotopaxi mit aller Wuth los. Sein Donner und Gebrüll setzte ganz Ecuador in Schrecken, seine schwarzgrauen Aschenwolken breiteten sich weit über die Grenzen der Republik aus, und seine Verheerungen brachten die Bewohner dreier Provinzen (Pichincha, Leon und Tunguragua) an den Abgrund der Verzweiflung! Von Quito schreibt man: ‚Die dichteste Finsterniß herrschte am vollen Tag, Blitze durchzuckten die Atmosphäre und Donnerschläge folgten ihnen; das unterirdische Getöse war schrecklich und die Aschenmaßen drohten die Dächer der Häuser einzudrücken.‘ Dies war noch nicht das Schlimmste; aber nun stürzten ungeheure Wasser- und Schlammmassen von den Abhängen des Vulcans in die Thäler und Ebenen und verheerten Alles. Wenn wir die Ansicht des Herrn Dr. Reiß über den Ursprung der Wasser- und Schlammströme als richtig zu Grunde legen, nach welcher nämlich diese durch Abschmelzen des Schnees in Folge der Ergießung der glühenden Lava entstehen, so müssen wir annehmen, daß bei dieser Gelegenheit ungeheure Mengen Lava nach verschiedenen Richtungen ergossen wurden.*

*Ein Schlammstrom wälzte sich mit ungeheurer Schnelligkeit gegen Norden in's Thal von Chillo und überschwemmte alle etwas niedriger gelegenen Theile desselben. Unter anderem wurde die schönste Hacienda mit der dazu gehörigen Baumwollspinnerei der Familie Aguirre Montufar, einst der Lieblingsaufenthalt*

*Humboldt's, von Grund aus zerstört. Es kamen gegen 400 Menschen um's Leben und 4000 sind brodlos geworden. Den materiellen Schaden durch Verlust an Vieh, Feldern und Gebäuden etc. schätzt man in Chillo auf 5 Millionen Pesos. Wie colossal die Überschwemmung gewesen sein muß, geht daraus hervor, daß das sonst so unbedeutende Flüßchen, welches die Gewässer von Chillo dem Rio Guallabamba und Esmeraldas zuführt, letzteren Strom bei seiner Mündung um einige Fuß steigen machte. Reisende, welche von Esmeraldas nach Guayaquil kamen, sagten mir, daß der Fluß plötzlich gestiegen und sein Wasser ganz unbrauchbar geworden sei, er war voll von Baumstämmen, Gebälk, Trümmern von Häusern und Möbeln, todten Fischen, Rindern, Pferden und Thieren aller Art, auch einige menschliche Leichen wurden bemerkt, kurz: ‚todo el rio era hecho una sopa'.*

*Der zweite Schlammstrom stürzte sich vom Cotopaxi gegen Westen in die weite Ebene von Callo und Rumibamba hinab und dehnte sich dort wie ein See aus. Diese Ebene wurde schon längst durch frühere Eruptionen verödet und war daher wenig bewohnt und bebaut. Doch wurden mehrere Haciendas an ihrem Rande zerstört und wahrscheinlich auch die letzten Reste der interessanten Inca-Ruinen von Callo. Auch ein Theil der schönen Landstraße ist ruinirt. Der Strom wälzte sich dann gegen Süden auf Latacunga zu, theilte sich aber kurz vor dem Städtchen in 3 Arme, und nur diesem Umstände ist die Erhaltung desselben zu verdanken. Dennoch waren die Verheerungen groß genug: alle Brücken sind zerstört und die schöne Baumwollen-Manufactur des Herrn Villagómez, zu 300,000 Pesos geschätzt, ist spurlos verschwunden, mit vielen anderen Gebäuden und großen Viehheerden. Alle Saatfelder sind verwüstet. — Noch ein dritter Schlammstrom kam von der Südostseite des Cotopaxi und vereinigte sich mit dem vorigen unterhalb Latacunga im Flußbett des Rio Patate, überall ähnliche Verheerungen anrichtend. — Über die östlich am Cotopaxi entspringenden Flüsse hat man noch keine sicheren Nachrichten.*

*Was nicht von Wasser und Schlamm verwüstet wurde, war mit tiefer Asche bedeckt. Auf den Feldern und Waiden von Machache, 5 Leguas vom Vulcan, lag dieselbe gleichförmig ¼ Vara (ca. 20 Centim.) hoch. Über die mineralogische und chemische Natur der Producte dieser Eruption wissen wir bis jetzt noch Nichts. Ich habe nur die in Guayaquil gefallene Asche untersucht und gefunden, daß sie größtentheils aus Feldspath- und Magneteisentheilchen besteht und schwach auf Chlorwasserstoff reagirt.*

*Am 27. Juni begann es in Quito wieder zu tagen, als Anzeichen, daß das Ende der Aschen-Eruption nahe, obwohl an diesem und dem folgenden Tage die Luft noch so voll Asche war, daß die Sonne nicht durchdringen konnte und das Athmen beschwerlich fiel. Erst am 29. Juni klärte sich die Atmosphäre gänzlich (in Guayaquil regnete es noch bis zum 1. Juli Asche), und am 3. und 5. Juli fielen einige Regengüsse, welche die Stadt von Asche reinigten.*

*Doppelt furchtbar wurde dies Naturereigniß für Quito durch das zufällige Zusammentreffen desselben mit einem Ereigniß ganz anderer Art. Am 25. Juni, einige Stunden vor Beginn des Aschenregens, hatte der General-Vicar von Quito vor seiner Abreise in die Verbannung nach N. Granada (wegen Streitigkeiten mit der Regierung) das Interdict über die Stadt verhängt, in Folge dessen alle Kirchen geschlossen und alle kirchlichen Functionen suspendirt wurden. Dies brachte unter dem Volke eine unbeschreibliche Sensation hervor und die Bestürzung stieg auf's Höchste, als der Cotopaxi ausbrach und dies Ereigniß allgemein als Folge des Interdicts und Strafe des Himmels für die Ermordung des Erzbischofs gedeutet wurde. Am 26. Juni rannte das Volk, Männer und Weiber, in der dichtesten Finsterniß mit Laternen durch die Straßen, die einen zu den Heiligen betend, die anderen heulend und auf die Regierung fluchend. Es war ein kritischer Moment für die Letztere, denn die Stadt war von Truppen fast entblößt, da diese zur Dämpfung der Aufstände in der Provinz Imbabura sich am Nordende der Republik befanden. Der Pöbel rottete sich gegen Abend in stärkeren Schaaren zusammen, stürmte und plünderte das Hospital und griff die Militairwache am Pulverthurm an. Mitten im Tumult der Elemente gelang es doch der Regierung den Volksaufruhr mit wenig Blutverlust zu dämpfen (man zählte nur 4 Todte). Am 29. Juni Morgens 9 Uhr, als die Sonne wieder zum erstenmal durch die Wolken brach, wurde unter festlichem Glockengeläute die Aufhebung des Interdicts verkündet und das Volk strömte unter unbeschreiblichem Jubel in die wieder eröffneten Kirchen. Es war den Bemühungen des Bischofs von Ibarra gelungen, den General-Vicar von Quito auf seiner Reise am Rio Chota zur Zurücknahme seines unbesonnen verhängten Strafedicts zu vermögen. Dieser dankte darauf ab und es wurde ihm dafür die Strafe der Verbannung nachgelassen."*

Die „Wöchentlichen Anzeigen für das Fürstenthum Ratzeburg" (Schönberg) berichteten in ihrer Ausgabe vom 30. Oktober 1877: „Aus Quito kommen Nachrichten von dem Ausbruch des Vulkan Kotopaxi. Dieser Riese der Cordilleren ist 5995 Meter hoch und spie Ende Juni mehr Wasser als Feuer. Nach mehrtägigem Aschenregen ergossen sich gewaltige Ströme heißen Wassers in die Ebene und verwüsteten meilenweit alles, was lebte, grünte und blühte."

Spätere vulkanische Aktivitäten des Cotopaxi im ausgehenden 19. Jahrhundert sind nicht von Interesse. Erst am 26. September 1903 folgten weitere intensive Ausbrüche, die bis zum Dezember 1904 andauerten und bei denen Lavaströme flossen, seitdem beschränkt sich die vulkanische Aktivität auf Rauchzeichen.[24]

Verschiedene Berichte meldeten im Januar **1878** den Ausbruch eines neuen, bisher unbekannten Vulkans in der Nähe der Magellanstraße (West-Patagonien). Captain Paget vom englischen Kriegsschiff „Penguin" sah am 10. Januar beim Passieren des Messier-Kanals aus der Ferne einen gerade aktiven, bislang **unbekannten Vulkan** auf dem Südende der Middle Island in den „English Narrows" (niedrige Fjord-Inseln). Am 18. Januar 1878 sah man beim Passieren derselben Meerenge zwischen der Wellington-Insel und dem Festland um 5 Uhr und 9:20 Uhr eine Rauchsäule 300 Meter hoch aufsteigen.[25]

Volcano in Smyth's Channel, Straits of Magellan, The Illustrated London News, 15. November 1879. Digitale Sammlung Blazek

Die „Wöchentlichen Anzeigen für das Fürstenthum Ratzeburg" veröffentlichen in ihrer Ausgabe vom 12. April 1878, was der Befehlshaber des amerikanischen Flaggenschiffs „Omaha" aus Port Grappler am 18. Januar 1878 berichtet hatte: „Ein unterseeischer Vulkan. Vom Bord des Flaggenschiffes Omaha von der Küste von Patagonien wird vom 18. Januar geschrieben: Diesen Morgen im Kanal zwischen der Wellington-Insel und dem Festlande um etwa 4 1/2 Uhr wurde in östlicher Richtung eine ungeheure Rauchsäule gesehen, die sich mit großer Geschwindigkeit mehrere tausend Fuß emporhob. Um 9 Uhr 20 Minuten wiederholte sich die Erscheinung und um 11 1/2 Uhr, da wir gegenüber der Libertad-Bai 48° 55' 30, südlicher Breite waren, wurde durch eine hohe Lücke in dem hohen Uferlande des Kanals östlich und ein wenig nach Norden und in etwa 30 bis 40 Meilen (engl.) Entfernung ein theilweise mit Schnee bedeckter Gipfel deutlich gesehen, welcher Rauch ausstieß."

Der **Tungurahua** ist mit einer Höhe von 5016 Metern der zehnthöchste Berg Ecuadors. Der Schichtvulkan ist einer der aktivsten Vulkane der nördlichen Anden, er befindet sich in den östlichen Kordilleren und überragt das Amazonasgebiet. Die Erstbesteigung gelang den Deutschen Alphons Stübel (1835-1904) und Wilhelm Reiß (1838-1908) im Zuge ihrer Forschungsreise durch Südamerika (Kolumbien, Ecuador, Peru, Brasilien) im Jahr 1873. Der wohl katastrophalste Ausbruch des Tungurahua ereignete sich 1777, als mehrere Dörfer an der Flanke des Vulkans zerstört wurden. Gegenwärtig schlummert der Tungurahua unsanft vor sich hin und macht sich durch sporadische Ausstöße bemerkbar.

Sein Ausbruch vom 11. Januar **1886** produzierte Ascheregen und pyroklastische Ströme, zudem forderte er zwei Todesopfer.[26] Am 16. Oktober 1885 gab es bereits Ereignisse, die auf einen bevorstehenden Ausbruch hindeuteten. Dann folgte eine längere Stille, und am 11. Januar 1886 traten dann pyroklastische Ströme und Lahare auf, die in den Flussbetten hinabflossen. Zeitgenössisch wurde über die Eruption des Tungurahua geschrieben: „Aber am 11. Januar 1886 erwachte er plötzlich mit großer Wut aus seinem Traum und zerstörte schrecklich das Tal von Baños und seine gesamte Umgebung." Die eruptive Tätigkeit dauerte bis zum Jahr 1888 an.[27]

Der 2847 Meter hohe Villarrica in Chile ist nur schwer zu besteigen, da er zum größten Teil vergletschert ist. Es ist Chiles aktivster Vulkan, bei dem es in unregelmäßigen Abständen größere und kleinere Ausbrüche gibt, wie hier im Dezember 1984. Foto: Gerhard Fischer (†), Sammlung Blazek

Der 2003 Meter hohe Vulkan **Calbuco** in Südchile ist seit 1837 zehnmal ausgebrochen. Eine seiner stärksten Eruptionen ereignete sich in den Jahren 1893-1894.[28] Die „Wöchentlichen Anzeigen für das Fürstenthum Ratzeburg" berichteten darüber in ihrer Ausgabe vom 2. Februar **1894**: „Ein wiedererwachter Vulkan. Der etwa 4 deutsche Meilen nordöstlich von der chilenischen Hafenstadt Puerto Montt (nördlich von der Insel Chiloë) 1691 Meter hoch aufragende Vulkan Calbuco, der seit der Entdeckung des Landes durch die Spanier im 16. Jahrhundert kein Zeichen von Thätigkeit gegeben hatte, befindet sich seit Beginn des Jahres 1893 in großer Unruhe. Aschenregen entsteigen seinem Krater bis zu 8000 Meter Höhe und bedrohen die Umgebung weit über Puerto Mont und den See Llangquihue hinaus, wo zahlreiche deutsche Kolonien liegen, mit dem Untergang aller frucht- und bewohnbare Ländereien. Auch Schlammströme entsendet der Feuerberg. Oft herrscht vollkommene Dunkelheit in den genannten Gegenden während der Aschenfälle, die Viehweiden und Saaten ruinieren. Am 29. November waren die Ausbrüche so heftig und vom Donner begleitet, daß man in Puerto Montt daran dachte, die Stadt auf den im Hafen ankernden chilenischen Kriegsschiffe zu verlassen."

Der 4150 Meter hohe kolumbianische Vulkan **Doña Juana** ist ein Schichtvulkan in der Zentralkordillere. Die einzige historisch belegte Eruption begann gegen **Ende des 19. Jahrhunderts**. In dieser Ausbruchsphase wurde der jüngste von mehreren Gipfel-Lavadomen geschaffen, darunter ein großer apikaler Dom. Zudem wurden während dieser Eruption große pyroklastische Ströme produziert. Der Geologe und Reisende Alphons Stübel ist einer der Wenigen, die diese eruptive Phase beschreiben. In seinem Buch über die Vulkanberge von Kolumbien heißt es:[29]

*„Danach machte der Vulkan ‚Dona Juana‘, in der Nähe des Tajumbina und des Päramo de las Animas, einen ersten Ausbruch im Juni 1899; ‚die in einer Zeitung in Popayan veröffentlichten Berichte darüber waren sehr oberflächlich‘ und jedenfalls sehr ungenau, so daß ihnen Herr LEHMANN wenig Beachtung schenkte. Am 13. November desselben Jahres (1899) erfolgte dann der zweite, wie es scheint viel stärkere Ausbruch, begleitet von einem weitverbreiteten Aschenregen. Herr LEHMANN schreibt darüber: ‚Ich befand mich damals an der Küste des Stillen Meeres auf einer Fahrt von Guapi durch die Ästuarien der Flüsse Timbiqui, Saija, Micay und Naya nach Buenaventura. Während der Nacht vom 13. zum 14. November fiel unter sehr starken elektrischen Entladungen anhaltend schwerer Regen, dennoch lag mein Hut, als es Tag wurde, voll von bläulich-weißgrauer Asche. Bei Buenaventura, wo ich am 14. November abends landete war der Aschenregen ebenfalls noch sehr stark, aber die Partikelchen waren staubfein und wurden von der Luft bis in alle Wohnräume getragen. Der reichste Aschenfall hat, soweit die Küste in Betracht kommt, um Guapi und Timbiqui stattgefunden. Im letzteren Ort sammelte eine Frau während einer halben Stunde auf einem kleinen Stück Papier an 50–60 Gramm, welche ich in Popayan aufgehoben habe. Vom innern Kolumbiens habe ich nur einen Bericht meiner Schwester erhalten. Dieselbe befand sich in meiner Hacienda, die auf einer Anhöhe dicht bei den Tetillas oder Cerrillos von Popayan liegt und von wo aus man eine herrliche Aussicht über das Hochland von Popayan und auf beide Cordilleren hat. (...)"*

50 bis 60 Menschen sollen im Zuge der vulkanischen Aktivität des Vulkans Doña Juana, die noch bis 1906 andauerte, umgekommen sein.

# Europa

Europa gehört mit 77 aktiven Vulkanen, von denen sich allein 31 auf Island befindet, zu den vulkanärmeren Gebieten der Erde. Die aktiven Vulkane verteilen sich auf Italien, Island und Griechenland.

Volcans de Santorin (Griechenland). Illustration aus: Histoire des météores et des grands phénomènes de la nature, 1870, S. 437 (Wikipedia/gemeinfrei). Eine bedeutende Eruption ereignete sich im Zeitraum 1866-1870 auf der Insel Nea Kameni. Der Professor in Wien Ferdinand von Hochstetter (1928-1884) schreibt in „Geologische Bilder der Vorwelt und der Jetztwelt" (Verlag von J. F. Schreiber, Esslingen 1873, S. 22): „In der zweiten Hälfte des Februars 1866 steigerte sich die Thätigkeit des Vulkanes zu einer furchtbar verheerenden Stärke. Das seltene Schauspiel lockte Geologen und Neugierige aus allen Ländern nach Santorin."[30]

Der 1281 Meter hohe Vesuv mit seiner Doppelspitze im Golf von Neapel ist der einzige auf dem Festland Europas noch tätige Vulkan. Nach seinem letzten Ausbruch im März 1944 fiel er in einen Dornröschenschlaf, dessen Ende die Vulkanologen rechtzeitig vorhersagen zu können hoffen. Der in der Landschaft Kampanien liegende Vesuv ist der besterforschte Vulkan der Welt, aber auch der am dichtesten bevölkerte.[31]

Eruption des Vesuvs vom 21. bis 24. Oktober 1822 in einer zeitgenössischen Darstellung.
Digitale Sammlung Blazek

Der Vesuv im Jahre 1843 nach einer Zeichnung von H. Abich.

Der Vesuv im Jahre 1843 nach einer Zeichnung von Dr. Hermann Abich (1806-1886). Aus: Geologische Bilder von Bernhard von Cotta, J. J. Weber, Leipzig 1852, S. 23. Der Gipfel des Vesuvs, den Abich noch 1838 mit drei Hörnern zeichnete, von denen das mittlere eigentlich den Eruptionskegel selbst ausmachte, war jetzt nur mehr, und zwar von der linken Seite aus, mit einem Horn geziert, das ein Überbleibsel der Wand jenes gewaltigen über 400 Fuß tiefen Kraters ausmacht, der sich bei einem großen 20 Tage dauernden Ausbruch von 1822 öffnete. Nach sechs Jahren Ruhe gab der Vulkan dann Zeichen erneuerter Tätigkeit. Digitale Sammlung Blazek

Nach einer zweijährigen Ruhephase wurde der **Vesuv** am 13. Januar **1871** wieder aktiv. Der Botaniker und Lehrer Alfred Burgerstein (1850-1929), Assistent am pflanzenphysiologischen Institut der k. k. Wiener Universität, fertigte darüber eine „Notiz über den sogenannten ‚kleinen Vesuvkrater‘“:[32]

*„Im Frühjahre 1872 wurde mir als Theilnehmer einer von Prof. Dr. E. Sueß in das Vulkangebiet Süd-Italiens unternommenen Forschungsreise die seltene Gelegenheit geboten, den damals in voller Thätigkeit stehenden Vesuv bis zum Kraterrande zu ersteigen, und mich durch Autopsie von den eruptiven Erscheinungen dieses Feuerberges zu überzeugen.*

*Bevor ich zum Gegenstande meiner Mittheilung übergehe, will ich orientirungshalber Folgendes vorausschicken:*

*Nachdem der Vesuv vom November 1868 bis December 1870, also durch volle zwei Jahre geruht hatte, begann er am 13. Jänner 1871 wiederum seine eruptive Thätigkeit, welche bis Anfangs November desselben Jahres mit ziemlich gleicher Intensität andauerte, hierauf schwächer wurde und zu Anfang des Jahres 1872 wieder in erhöhterem Maaße sich zeigte. Während dieser Zeit hatte sich auf seiner nordöstlichen Seite etwa 65 Meter unter dem Centralkrater ein neuer Eruptionsschlund gebildet, so daß der Vesuvgipfel während meines Aufenthaltes in Neapel zwei thätige Krater zeigte, einen alten, etwa anderthalb Kilometer im*

31

*Umfang haltenden centralen Krater und einen kleinen, im Jänner 1871 entstan-*
*denen und sich seit dieser Zeit zu einer immer größeren Höhe aufbauenden seit-*
*lichen Krater.*

*Dieser ‚kleine Krater', den ich in Folge einer am 5. April 1872 stattgehabten*
*Vesuvbesteigung längere Zeit zu betrachten Gelegenheit hatte, erschien als ein*
*etwa 15 Meter hoher, aus verschiedenen Auswürflingen aufgebauter Kegel, der*
*allerlei bunte Farben zeigte. Die meisten Schlackenstücke waren gelb gefärbt*
*wegen der Imprägnirung mit Eisenchlorür und Eisenchlorid. Andere zeigten*
*grüne oder rothe Farben in verschiedenen Nuancen. Aus der zackigen Krater-*
*öffnung stieg einerseits eine dichte Dampfsäule empor, und anderseits flogen*
*kleine Schlackenstücke heraus, die meist wieder in den Krater zurückfielen, um*
*von Neuem emporgeschleudert zu werden. Außerdem flackerte aus der bocca*
*ein flammenartiges rothes Licht, welches am Abend schon von Neapel zu sehen*
*war und einen eigenthümlichen Anblick gewährte. Es war der Reflex des durch*
*die inneren glühenden Kraterwände stark beleuchteten Dampfes, der diese Er-*
*scheinung zur Folge hatte, und einer wirklichen aus der Krateröffnung auflo-*
*dernden Flamme täuschend ähnlich sah. – Ein Erklettern des Kegels bis zur*
*Kratermündung war wegen des sehr locker aufgeschütteten Materiales nicht*
*rathsam.*

Kleiner Krater des Vesuvs am 5. April 1872. Aus: Wissenschaftliche Mittheilungen aus dem Akademischen Vereine der Naturhistoriker 1874, Seite 1. Digitale Sammlung Blazek

*Rechts und links vor der äußeren Kraterwand war je eine große Lavazacke be-*
*merkbar (siehe die beigegebene Abbildung), von denen die rechtsseitig befindli-*
*che die der linken Seite etwas an Höhe übertraf. Diese Zacken erklären sich auf*
*folgende Weise: Sie verdanken ihren Ursprung der Eruption vom Jänner 1871.*
*Nach den Mittheilungen, welche Prof. G. vom Rath aus Bonn, der am 1. April*
*des eben genannten Jahres in Begleitung von vier Wiener Geologen den Vesuv*
*bestiegen hatte, diesbezüglich veröffentlicht hatte, waren an dieser Stelle drei*
*Lavafelsen zu finden, welche in einem Kreise angeordnet, einen großen Schlott*
*bildeten. Einer dieser Felsen hatte eine thurmförmige Gestalt, die beiden ande-*

*ren waren von breiterer Form. Sie sind nicht durch Aufschüttungen von Aus-*
*wurfsmaterialien entstanden, sondern wurden durch die an dieser Stelle bei der*
*Bildung des Schlottes sich in hohem Grade geltend gemachten Eruptionskraft*
*durchbrochen und aufgerichtet. Zwischen denselben erhob sich auf einer*
*schwach convexen Basis der neue durch die Jänner-Eruption von 1871 entstan-*
*dene Kegel. Der Gipfel trug den eigentlichen Feuerschlund von mehr (oder) we-*
*niger polygonaler Form und einem Durchmesser von 2–3 Meter.*

*Als nun Prof. vom Rath nach Verlauf von 16 Tagen abermals den Vesuv besuch-*
*te, fand er an der diesbezüglichen Stelle eine Veränderung, darin bestehend, daß*
*der zwischen den obgenannten drei thurmähnlichen Lavaschollen befindliche*
*Eruptionskegel, der vor zwei Wochen noch gleichsam zwischen den ersteren*
*verborgen war, inzwischen nicht nur die Tiefe gänzlich ausgefüllt, sondern noch*
*einen 12–15 Meter hohen Schlackenkegel aufgebaut hatte.*

Ausbruch des Vesuvs am 26. April 1872 um 15 Uhr nachmittags, gesehen von Neapel aus.
Fotografie von Giorgio Sommer (1834-1914), Wikipedia/gemeinfrei

*Im Verlaufe des folgenden Jahres hatte sich nun durch die andauernde eruptive*
*Thätigkeit der Kegel so weit vergrößert, daß der eine Lavafelsen ganz ver-*
*schwand, während die beiden anderen in ihren obersten Theilen noch frei blie-*
*ben und die beiden seitlichen aus der Figur ersichtlichen Zacken bildeten.*

*Es lag die Vermuthung sehr nahe, daß auch sie bei fortdauernder Thätigkeit des*
*Eruptionsschlundes durch sich aufschüttendes Anwurfsmateriale bald unsicht-*
*bar sein werden. Dies geschah früher als man glaubte. Denn schon am 26. April*
*erfolgte jener jüngste große Vesuvausbruch, bei welchem der Berg auf seiner*
*nordöstlichen Seite vom neuen Eruptionskegel bis in das Atrio, und hier noch in*
*einer Länge von 300 Meter sich spaltete. Der ,kleine Krater' war spurlos ver-*
*schwunden."*

Am 26. April 1872 zerstörte schließlich ein Ausbruch des Vesuvs die Orte Massa di Somma und San Sebastiano und tötete 20 unvorsichtige Schaulustige. Im Anschluss an diese Eruption begann eine der längsten bekannten Aktivitätsperioden. Ab 1878 floss Lava aus den Flanken des Berges aus und formte zwei 160 Meter hohe, heute nicht mehr sichtbare Staukuppen. Insgesamt 86 Millionen Kubikmeter Lava traten bis 1899 aus. Der Geologe Prof. Dr. Carl Wilhelm C. Fuchs (1837-1886) berichtete darüber im Jahrbuch der kaiserlich-königlichen geologischen Reichsanstalt:[33]

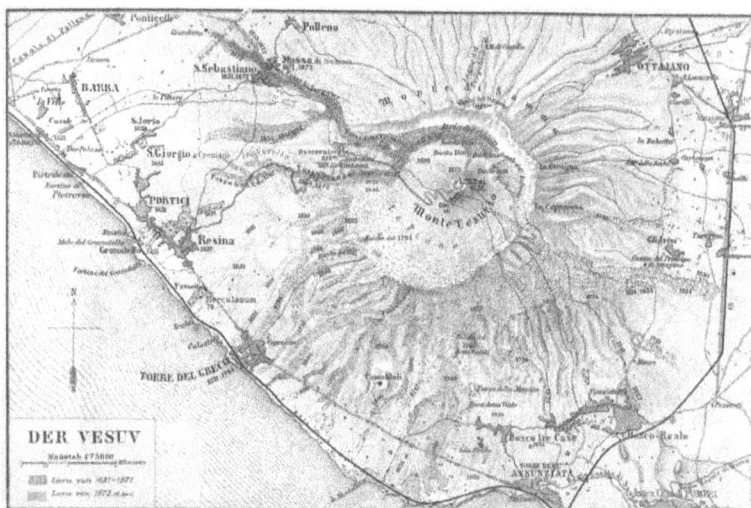

Der Vesuv in Band 16 der 4. Auflage von Meyers Konversations-Lexikon (1885-1890). Farblich hervorgehoben sind die Lavaströme von 1631, als bei einer gewaltigen Eruption Steine vom Vesuv bis nach Malfi, 16 geographische Meilen von seinem Krater entfernt, flogen, bis 1871 und vom 26. April 1872. Digitale Sammlung Blazek

## II. Bericht über die vulkanischen Ereignisse des Jahres 1872.

### Von C. W. C. Fuchs.

### A. Eruptionen.

### Vesuv.

*Unter den vulkanischen Ausbrüchen dieses Jahres nimmt der des Vesuv durch seine kurze Dauer und außergewöhnliche Heftigkeit besonderes Interesse in Anspruch. Schon im Anfang des Monates Januar begann der Vulkan wieder in schwache Thätigkeit zu gerathen. Von Zeit zu Zeit ertönte unterirdisches Getöse; hie und da brachen Aschenwolken hervor und Lavabrocken wurden 50 Meter hoch emporgeschleudert. Gleichzeitig belebte sich auch ein im October 1871 am Rande des Hauptkraters entstandener Kegel wieder. Wenn auch nach einigen Wochen Ruhe einzutreten schien, so steigerte sich die Thätigkeit gegen Mitte Februar doch wieder soweit, daß man aus der Ferne Feuer sehen konnte, welches sich aus dem Hauptkrater verbreitete. Ebenso beruhigte sich der Vul-*

*kan später nochmals auf einige Tage, und als er bald darauf wieder in erregten Zustand überging, war es der zweite der neuen Kratere, welcher die Thätigkeits-Erscheinungen zeigte.*

Napoli. Il Vesuvio-Eruzione del 1872. Edit. E. Ragozino Galleria Umberto-Napoli.
Sammlung Blazek

*Am 24. April kündigte eine aus mehreren Krateren aufsteigende Feuersäule den Beginn eines großen Ausbruches an. Aus vier Krateren ergossen sich schon damals Lavamassen, die rasch über die alte Lava hinwegflossen. Der Gipfel des Aschenkegels donnerte unaufhörlich und warf Steine aus. Am 25. April Mittags schwächte sich der Ausbruch ab, so daß nur dünne Rauchwolken aufstiegen und zahlreiche Personen veranlaßt wurden, den Berg zu ersteigen. Unglücklicherweise brach gerade in dieser Nacht die Eruption mit seltener Gewalt los. Der Hauptkegel spaltete sich unerwarteter Weise gegen Norden und es öffneten sich viele Lavamündungen. Im Atrio del cavallo 100 Meter vom Abhange der Somma, entstand ein Schlund, der ungeheure Mengen von Lava ergoß. Diese Lava hob bei ihrem Hervortreten die Schlacken von 1855, 1858 und 1868 in die Höhe und bildete so einen Hügel von 60 M. Höhe, an dessen Basis die Lava dann ruhig ausfloß. Die Zerklüftung des Berges und der Lavaerguß waren so rasch erfolgt, daß dadurch die neugierigen Besucher des Vulkans überascht wurden und dem Verderben nicht mehr entfliehen konnten. So kamen zahlreiche Fremde und Einheimische um. Man sprach von mehr als zweihundert Todten; der Verlust von 60 Menschenleben scheint constatirt, doch konnte deren Zahl nicht festgestellt werden, denn nur die Leichname von jenen wurden aufgefunden, welche* diesseits der großen Spalte im Atrio del cavallo geblieben und die von den Dämpfen erstickt oder von dem Schlacken-Regen getödtet werden waren; alle anderen aber, welche noch weiter vorgedrungen waren, wurden von der Lava erreicht und dadurch vernichtet.

Auch im Fosso della Vetrana floß ein Lavastrom von 800 Meter Breite. Auf der Oberfläche dieser fließenden Lava bildeten sich eine Anzahl kleinerer Kratere nahe dem Rande des Stromes, welche Rauch und Steine 70—80 Meter hoch auswarfen. Jede der einzelnen Eruptionen dauerte etwa eine halbe Stunde. Der Hauptkegel schien Feuer zu schwitzen. Es hatte den Anschein, als sei die Rinde des Berges ganz mit Poren durchsiebt, aus welcher Feuer transpirire; am Tage erschienen auf jenen Poren ebensoviele Rauchwölkchen. Nach den Beobachtungen von Palmieri besaßen die Dämpfe positive Elektricität, die Asche negative und Blitze mit Donner kamen nur dann zum Vorschein, wenn beide gemengt waren.

Die Stadt Neapel erzitterte während dieses Ausbruches fortwährend und bei jedem Stoße rasselten die Fenster wie bei Explosionen. Auch ein deutliches Beben der Erde konnte man spüren, doch war dasselbe nicht sehr stark. Am 26. April waren von Neapel aus zwei Lavaströme sichtbar, welche einerseits nach Torre del Greco, andererseits nach San Sebastiano zu flossen, mit einer Geschwindigkeit von ein Kilometer per Stunde. Zwischen diesen beiden von dichtem Rauch bedeckten Strömen floß noch ein anderer kleinerer Strom gegen Resina, aber langsam und schwach. Um 4 Uhr Nachmittags wurde der Ausbruch furchtbar. Aus der Spitze des Vulkans brachen Rauchsäulen und glühende Schlacken hervor und karminrothe Ströme schlängelten sich herab. In der Nacht tauchte nahe dem Krater ein feuriger Fleck auf, der wuchs und still sich wie ein glühender Mantel nach und nach um den Berg legte. Um 4 Uhr Morgens am 27. erschütterte dumpfes Brüllen die Luft, Rauchwolken verfinsterten den Himmel, Schwefelgeruch verbreitete sich überallhin und der Berg war fast ringsum von feuriger Lava eingehüllt. In dieser Zeit wurde San Sebastiano durch Lava gänzlich und Massa di Somma größtentheils zerstört. Auch in Torre del Greco richtete die Lava bedeutende Verwüstungen an. San Sebastiano war an einzelnen Stellen 6 Meter hoch von Laven bedeckt; Asche und Schlacken flogen bis Salerno. Zwei Lavaströme näherten sich Ponticelli und Cereola, ein anderer S. Giorgio und Portico. Am 27. war der Vesuv in so dicken Rauchwolken, daß er von Neapel nicht gesehen werden konnte; die Lava floß langsamer. Die Detonationen dauerten fort, aber Erdstöße wurden nicht verspürt. Der Morgen des 27. April begann mit einem Aschenregen in Neapel, der viele Salztheilchen enthielt, so daß man kaum athmen konnte. Um 10 Uhr hörte derselbe auf und nahm eine nördliche Richtung, aber um 6 Uhr Abends begann er von neuem und erstreckte sich bis Caserta. Am 28. April standen die Lavaströme still, aber der Aschenregen dauerte noch in Neapel fort. Der Vesuv donnerte noch und Blitze zuckten durch das Dunkel; Schlacken wurden bis 1500 Meter hoch emporgeschleudert. Am 30. April hatte sich die Höhe der Schlackenauswürfe bis auf 500 Meter erniedrigt, in Neapel fielen noch Sandregen, und Erderschütterungen wurden gespürt. Am 1. Mai ließ der Auswurf von Asche und Schlacken nach, indem sie nicht mehr so hoch kamen, doch stieg aus dem Krater noch immer dicker Rauch auf. In der Nacht zwischen dem 1. und 2. Mai schloß diese auffallend heftige Eruption, welche Palmieri als den endgültigen Abschluß der Vesuvthätigkeit betrachtet, die am 1. Januar 1871 begonnen hatte.

Die Menge der Asche, welche bei dieser Eruption ausgeworfen wurde, war eine ungewöhnlich große. In der Stadt Neapel, also in einer Entfernung von etwa drei Stunden von dem Eruptionspunkte, fiel am 28. April in der einen Stunde von 7 bis 8 Uhr Morgens auf jede Fläche von einem Quadratmeter 210 Gramm Asche. Dieselbe war besonders ausgezeichnet durch die große Menge von salzigen Bestandtheilen, die der Silicat-Asche beigemengt waren. Die Asche nämlich, welche am 28. April zwischen 6 bis 7 Uhr Morgens in Neapel niederfiel, enthielt 0-65 Perc., die zwischen 7—8 Uhr 0-61 Perc. und die gegen 9 Uhr gesammelte sogar 0-87 Perc. salzige Bestandtheile.

Napoli. Il Vesuvio coperto di neve (3 Dicembre 1895).
Edit. E. Ragozino Galleria Umberto-Napoli. Sammlung Blazek

Eine lange Ausbruchsphase hatte der Vesuv in Kampanien ab dem 18. Dezember 1875. Sie währte bis zum 22. April 1906. Im April 1906 – bei dem stärksten Ausbruch seit 1631 – starben 105 Menschen in der Kirche von San Giuseppe, als deren Gebälk einstürzte. Die Eruption von 1906, der seit 1904 Schlackenauswürfe vorangingen, dauerte vom 4. bis zum 22. April und förderte bei ihrem Höhepunkt am 8. April Aschen bis in 1300 Meter Höhe. In den Dörfern um Neapel herum kamen 227 Menschen ums Leben. Der Ausbruch des Vesuvs emittierte mehr Lava als jedes andere Ereignis in seiner Geschichte. Dr. Karl Sapper (1866-1945), Professor der Geographie an der Universität Straßburg, der 1917 eine sorgfältige Zusammenstellung der in geschichtlicher Zeit tätigen Vulkane veröffentlichte, schrieb 1910:[34] „(...) Dementsprechend hat *Perret* (Frank A. Perret, einst Ehrenassistent des Vesuv-Observatoriums), soweit es seine Zeit erlaubte, den Vesuv nach seinem letzten großen Ausbruch sorgfältig beobachtet. Er zeigt, wie nicht nur während der letzten Tätigkeit des Feuerberges von 1875–

1906 die Form des Berges und seiner Umgebung sich wesentlich verändert hat, so namentlich durch Auswurf lockerer Massen und die langsamen Lavaergüsse von 1881–1883, 1885–1886, 1891–1894, 1895–1899, 1903–1904 (die alle Lavakuppeln schufen), sowie 1905–1906, sondern daß dieselbe auch nachträglich in der Ruheperiode noch wesentliche Änderungen erfuhr. Durch Erdschlipfe ist nicht nur der Kraterrand erniedrigt und umgestaltet worden, sondern auch das Innere des Kraters, der becherförmig geworden ist und zahlreiche Schuttkegel zeigt. Die jüngsten Laven von 1905/06 am Südwesthang des Vesuv wurden auf ihre langsame Erkaltung hin untersucht, während von dem älteren Lavaausfluß an der NNE-Seite des Kegels angenommen wird, daß er die Bildung der V-förmigen Einschartung des Kraterrands in dieser Gegend verursacht habe."

NEAPEL.

In Melchior Neumayrs „Erdgeschichte" heißt es 1920:[35]

„Seit 1875 stand eine Säule heißflüssigen Magmas im Schlote unter dem Krater. Ständige Explosionen, die ja allein durch die plötzliche Ausdehnung von Gasen hervorgerufen werden, verhinderten die Bildung einer dauernden Erstarrungshaut an der Oberfläche. Die emporgeschleuderten Lavafetzen bauten im Hauptkrater einen inneren Kegel, in dem die Lava höher emporgepreßt wurde. Dadurch stieg der Druck im Inneren des Kegels; dieser zerriß und gestattete den Austritt der Lava nach außen gegen das Atrio del Cavallo.

Die gesteigerte strombolianische Tätigkeit im April 1905 begann den inneren Kegel noch weiter zu erhöhen; die neuerliche Steigerung des Druckes hatte das Aufreißen der gestockten Lavawege von 1903 zur Folge; die Spalte öffnete sich aber immer mehr, und nach einfachen hydraulischen Gesetzen rückte der Lavaausfluß immer tiefer hinab. Der Wall der Somma gestattete an der Nordflanke keine Ausflüsse unter der Höhenlage des Atrio del Cavallo, und wohl deshalb trat die Lava am 6. April in 800 m Seehöhe an der Südseite des Kegels aus. Mit dünnflüssigem Hauptstrom entleerte sich am gleichen Tage in 600 m Seehöhe die ganze, im höheren Teile des Berges gestaute Magmamasse und mußte sich aus dem Hauptschlote des Kraters zurückziehen. Der lockere Aschenkegel verlor seine Stütze, der Gipfel des Berges stürzte in die neugebildete Höhlung (Mitternacht zwischen 7. und 8. April?); unter diesem Verschluß stauten sich die Gase, die seitlich aus dem sinkenden Lavaspiegel entströmten. Hierdurch wurden die stärkeren vulkanianischen Explosionen hervorgerufen, welche das alte Material weit über den Bereich des Aschenkegels hinausschleuderten und zu seiner Asche zermalmten. Während des großen Lapilliregens von Ottajano und in den vulkanianischen (sic!) Explosionen der folgenden Tage wurde der neue Kraterschlund geschaffen."

Vesuvio, Eruzione del 10 Aprile 1906 (Fot. A & C. Caggiano-Napoli). Sammlung Blazek

Detaillierte Schilderungen dieser neuerlichen Katastrophe erschienen täglich in der New York Times (Banks und Read 1906, S. 338-50).

Die „Wöchentlichen Anzeigen für das Fürstenthum Ratzeburg" berichteten in ihrer Ausgabe vom 4. August **1874** über einen Ausbruch des **Ätna**s auf der italienischen Insel Sizilien:

„Aus Catania wird geschrieben: ‚So stünden wir also am Vorabend einer neuen Eruption des Aetna. seit Mai ist der höchste und größte Vulkan Europa's in einer ungeheuren Thätigkeit, nachdem er während fast 5 Jahren – seit dem Ausbruche im September 1869, wo er das Volle des Bove aus dem centralen Krater mit einem Strome von Lava überschwemmte – der Ruhe geflogen hatte. Schon hatten sich Gerüchte über einen großen Einbruch im Innern des Berges verbreitet, über die Bildung neuer Krater, über Feuer und Flammen, welche man zur Nachtzeit bemerkt haben will, über unterirdische Getöse u. s. w. Professor Silvestri, welchem wir viele und genaue Beobachtungen der vulkanischen Phänomene des Aetna verdanken, hat 2 Tage und 2 Nächte auf dem Gipfel des Kraters verbracht. Er versichert, daß die gegenwärtigen Eruptionserscheinungen ganz besonders von beständigen Explosionen von Wirbelwinden, Dämpfen und glühenden Materien repräsentirt werden, welche, nachdem sie die zum Ausbruche nothwendige Kraft verloren hatten, in den Krater zurückfielen. Alles deutet auf eine sehr große innere Thätigkeit des Vulkans hin, und nach den frühern Erfahrungen prognostizirt Professor Silvestri einen nicht mehr fernen großen Ausbruch des Aetna.'"

Cellesche Zeitung vom 6. und 7. August 1912. Sammlung Blazek

Fig. 16. Hekla-Eruption von 1845.

Viele Schafe und etwa 40 Kühe wurden nach dem Hekla-Ausbruch, der am 2. September 1845 begann, durch Fluorose getötet, und Pferde, insbesondere Jährlinge, waren ebenfalls betroffen. Hekla-Eruption von 1845. In: Karl Fuchs, Professor an der Universität zu Heidelberg, Vulkane und Erdbeben, F. A. Brockhaus, Leipzig 1875, S. 61.

Bei der **Askja** handelt es sich um einen 1510 Meter hohen Schichtvulkan nördlich auf Island. Bei einer großen Eruption im Jahr **1875** wurden zwei Kubikkilometer Aschen über die östlichen Inselbereiche verstreut.

Eine lang anhaltende vulkanotektonische Episode setzte an der Askja im Jahr 1874 ein. Sie hielt mit Unterbrechungen bis 1929 an. Dabei entstanden im März 1875 in einer Plinianischen Eruption die jüngste Caldera der Askja ebenso wie der kleinere Víti-Krater. Schon im Februar 1874 sah man Dampfwolken über dem Gebirgszug der abgelegenen Dyngjufjöll. Im Dezember desselben Jahres erschütterte eine auch in den besiedelten Gebieten spürbare Serie heftiger Erdbeben die Gegend. Im Januar 1875 erkannte man Rauchsäulen und Feuer. Möglicherweise entstammt dieser mehrheitlich effusiven Phase das basaltische Lavafeld Holuhraun. Im Februar 1875 fuhren einige Leute aus der Gegend des Mývatn zur Askja. Dort sahen sie im Südosten der Caldera Springquellen aus Schlamm, aber keinen richtigen Vulkanausbruch. Allerdings hatte sich dort der Boden um zehn Meter gesenkt. Nur drei Tage später setzte eine effusive Eruption am Sveinagraben ein. Dabei handelt es sich um ein 30 Kilometer langes Grabensystem 50 Kilometer nördlich des Zentralvulkans. Während der mehrere Monate lang anhaltenden Ausbrüche wurden dort etwa 0,2 bis 0,3 Kubikkilometer an Laven produziert. Am 29. März 1875 ist der Beginn der explosiven Hauptphase anzusetzen. In der Folge einer Plinianischen Eruption regnete es ab 3:30 Uhr Asche über Ostisland.

Als im Sommer 1876 der dänische Geologe Frederik Johnstrup (1818-1894) zur Ausbruchsstelle kam, erkannte er, dass hier eine Magmakammer, nachdem sie sich entleert hatte, in sich zusammengestürzt war.[36]

Die Vulkanasche wurde damals mit solcher Macht aus der Askja hochgeschleudert, dass Teile davon sogar auf dem europäischen Kontinent landeten. Die Zeitschrift „Gaea – Natur und Leben" berichtete 1893: „Die Asche von den Vulkanen hat oft große Strecken bedeckt und ist nicht selten über den Atlantischen Ozean fortgeführt worden, so bei einem Ausbruche der Askja 1875, bis nach Stockholm."[37]

In Nordisland wurde eine große Anzahl Rinder vergiftet. Die dadurch verursachte Hungersnot zwang viele Isländer, nach Amerika oder Kanada auszuwandern. „Viele Gehöfte im Jökuldalur und auf der Jökuldalsheidi lagen einige Jahre nach dem Aschenfall bei dem großen Ausbruch der Askja 1875 verödet, sind aber jetzt beinahe alle wieder bebaut worden", heißt es 1904 in „Island – Grundriß der Geographie und Geologie".[38]

**Vulcano** gehört mit seinen Nachbarinseln Lipari, Stromboli, Salina, Panarea, Filicudi und Alicudi zum Archipel der Liparischen Inseln vor der Nordküste Siziliens. Vom Namen der Insel ist das heutige Wort für Vulkan abgeleitet. Die Insel besteht vorwiegend aus einem Vulkan, der 391 Meter aus dem Meer herausragt. Die letzte große Ausbruchphase Vulcanos fand zwischen **1888** und **1890** statt. Dabei kam es zu heftigen Explosionen, die vor allem durch den Kontakt von Meerwasser mit der Magmakammer unter dem Vulkan entstanden. Dabei wurde keine Lava gefördert, sondern nur weggesprengtes Gestein in unterschiedlichsten Größen.

Der Geowissenschaftler Dr. Hans Pichler, der sich am Mineralogisch-Petrologischen Institut der Universität Tübingen 1970 für die Fächer Mineralogie und Petrologie habilitiert hatte, schrieb 1981: „Eine besonders heftige Eruption ereignete sich am 15.3.1890, wobei nußgroße Lapilli 7 km weit geschleudert wurden und auch auf Lipari niedergingen. Tonnenschwere Brotkrusten-‚Bomben' mit bis zu 5 m Durchmesser fielen in Kraternähe zu Boden. Zwischen 75000 und 100000 m³ Gesteinsmaterial, das vorher in den durch die vorangegangenen Eruptionen stark ausgetieften Krater hineingerutscht oder hineingefallen war, wurde ausgeschleudert, sank aber großenteils wieder in den Krater zurück und füllte ihn teilweise wieder auf. Der ausführliche und reichbebilderte Bericht der italienischen Forscher stellte für die damalige Zeit ein Novum dar und ist als vulkanologische Pioniertat zu werten. Bei dem Ausbruch wurde weder Schmelze stammendes pyroklastisches Material gefördert. Die Fördermassen bestanden also ausnahmslos aus älteren vulkanischen Gesteinen, nämlich aus zertrümmerten, oft bis zur glühenden Zähflüssigkeit erhitzten Brotkrusten-,Bomben' und Blöcken, sowie aus feiner zerteiltem Material. Unter diesem überwiegen, neben Sanden und Lapilli, die Aschen. Allein am 26.2.1889 fielen in einem ca. 10 km$^2$ großen Gebiet rund um die Fossa schätzungsweise 133 t Aschen und Sande, deren Niederrieseln dem Geräusch des Regens glich."

Vulcano-Ausbruch im Jahr 1889. Aus: Le eruzioni dell'isola di Vulcano, incominciate il 3 Agosto 1888 e terminate il 22 Marzo 1890, Relazione Scientifica, Rom 1891. Wikipedia/gemeinfrei

Im „Jahrbuch der Astronomie und Geophysik" von Dr. Hermann J. Klein heißt es über diese letzte Eruptionsphase auf Vulcano:[39] „Vulcano. Es wird die Thätigkeit seit 1888 auf Grund der vorhandenen Litteratur geschildert. Die letzte der großen Explosionen, diejenige vom 15. März 1890, schleuderte eine Masse von 75 000 cbm mit einem Gewichte von über 100000 Tonnen fort, welche sich rund um den Krater bis zu 7 km Entfernung, wenigstens auf der Nordseite, ausbreitete. Die Thätigkeit im Innern des Kraters beschränkte sich hauptsächlich auf zahlreiche Fumarolen, deren Intensität zunahm, je tiefer man in den Krater hinabstieg."

Im Laufe des Monats März 1891 besuchte der Geologe Prof. Sebastiano Consiglio Ponte, Catania, von neuem die Insel Vulcano, um den Zustand des Kraters zu untersuchen und die Veränderungen festzustellen, welche in demselben durch die Ausbrüche hervorgerufen waren. Das Ende der Eruptionsperiode setzte der Vulkanologe Prof. Orazio Silvestri (1835-1890), dessen Beobachtungen später von Prof. Giuseppe Mercalli (1850-1914) publiziert wurden, auf den 22. März 1890 und berechnete danach die Dauer derselben zu etwa 20 Monaten. Allerdings hatte die große Eruption vom 15. März 1890 noch eine längere Zeit anhaltende Nachwirkung, sodass Consiglio Ponte die Periode erst nach einer Dauer von über 22 Monaten mit dem Mai-Juni 1890 enden lässt.[40]

Ausbruch des Strombolis. In Louis Figuier: La terre et les mers ou description physique du globe, librairie Hachette, Paris 1872 (Bild 94). Digitale Sammlung Blazek

Der **Stromboli**, der 924 Meter hohe aktivste Vulkan Europas, hat im Jahr **1893** zwei Eruptionen gehabt, eine im Januar unter gleichzeitigem heftigem Erdbeben, Auswerfen von Blöcken und rötlichem Sand und eine zweite im August unter ähnlichen Begleiterscheinungen. Die „Wöchentlichen Anzeigen für das Fürstenthum Ratzeburg" berichteten in ihrer Ausgabe vom 7. Februar 1893 über den ersten Ausbruch: „Ein starkes Erdbeben, dem eine äußerst heftige vulkanische Eruption folgte, fand am Montag auf der Insel Stromboli statt. – Die Insel Stromboli im Tyrrhänischen Meer besitzt bekanntlich einen Vulkan, der beständig dampft."

Wird mit dem Untergang von Atlantis in Verbindung gebracht: der Ausbruch des früher wohl 1600 Meter hohen Santorinkegels in der Südlichen Ägäis, 100 Kilometer südlich von Kreta, um 1450 v. Chr. Nach jener gewaltigen Explosion folgte der Einbruch der über 80 Quadratkilometer großen Caldera, sodass nur die Hauptinsel Thera und einige kleinere Inseln als Teilstücke des Calderarandes übrigblieben. Blick von Thera auf den vom Meer gefluteten Krater, August 2015 (Foto: Heinz Schapeit)

Der Pico del Teide ist mit 3718 Metern die höchste Erhebung auf der Kanarischen Insel Teneriffa. Er ist mit 7500 Metern Höhe über dem Meeresboden der dritthöchste Inselvulkan der Erde. Zuletzt kam es am 18. November 1909 zu einem Ausbruch, und zwar des Montaña Chinyero, eines etwa 80 Meter hohen Kegels an der Nordwestseite des Teide. Mehr als zwei Quadratkilometer Landfläche wurden in zehn Tagen mit Asche und Lava bedeckt. Die Einwohner der Umgebung konnten sich damals in Sicherheit bringen. Foto: Matthias Blazek

44

## Afrika

In Afrika stehen aktive Vulkane in der Nähe der Grabenbrüche im Bereich des ostafrikanischen Grabens, im Roten Meer und auf den Inseln Komoren, Réunion, Madagaskar. Im Westen sind das Kamerungebirge, Lanzarote (Kanarische Inseln), Fogo (Kapverden) und so weiter zu nennen.[41] Hans Simmer veröffentlichte im Jahr 1906 eine Studie unter dem Titel „Der aktive Vulkanismus auf dem afrikanischen Festlande und den afrikanischen Inseln", wonach es in Afrika 17 aktive Vulkane geben solle.[42] Das Jahrbuch der Astronomie und Geophysik griff Simmers Forschungsergebnisse auf:[43]

„Der aktive Vulkanismus auf dem afrikanischen Festlande und den afrikanischen Inseln bildete den Gegenstand einer literarischen Studie von Hans Simmer, welche sich durch höchst sorgfältige und umfangreiche Sammlung und Verwertung des vorhandenen Materials auszeichnet. Im ganzen gibt es hiernach in Afrika und auf den afrikanischen Inseln 17 tätige Vulkane oder Vulkanbezirke, nämlich:

1. auf dem Festlande, a) aktive: Kirunga tscha Namlagira, Kirunga tscha Niragongo (beide in Ostafrika), Teleki (Südende des Rudolfsees), Sugobo oder Andrew (südwestlich vom Rudolfsee). b) intermittierende: Dönje Ngai (Massailand), Orteale (beim großen abessynischen Bruchrande), Dubbi oder Vulkan von Edd (östlich von dem vorigen unter 13° 55' nördlicher Breite); c) dubioaktive: Meru (Kilimandscharogebiet), Mongo ma Loba (Großer Kamerunberg), Dofane (Abessynien).

2. auf den Inseln, a) aktive: Kartala (auf Großkomoro), Vulkan von Réunion (oder Piron de la Fournaise); b) intermittierende: Fogo (Kapverden), Bezirk der Montañas del Fuego (auf Lanzarote), Bezirk von Fuencaliente (auf Palwa), Bezirk des Pico de Teyde (auf Tenerifa), Arafobezirk (Tenerifa)."

**Kleine Mitteilungen.**
Auf den Komoreninseln im Indischen Ojean, zwischen dem Nordende von Madagaskar und der Ostküste Afrikas, fand ein vulkanischer Ausbruch statt. Einige Eingeborene sind ums Leben gekommen. Die Inseln gehören zu Frankreich; ihr bekanntester Vulkan heißt Karadalla Dschungu Djadjocho, gleich „Feuriger Kochtopf".
— Der Nachwinter ist im oberen Allgäu und im bayerischen Hochwald ein ungewöhnlich strenger. In Füssen sank das Quecksilber bis auf 21 Grad C unter Null! Es war die größte Kälte dieses Winters.

← Der basaltische Schildvulkan Karthala, mit 2361 Metern der höchste Berg der Komoren, hatte im 19. Jahrhundert mehrere Flankenausbrüche. Am 25. Februar 1904 ereignete sich wieder ein Flankenausbruch an der Nordseite, wodurch die Insel Grande Comore vollständig verwüstet wurde. Celleschen Zeitung vom 5. März 1904. Sammlung Blazek

Im Küstenstrich von Massaua, im abgelegenen Südosten Eritreas, liegen mehrere wohlerhaltene Vulkankegel. In der Senkung Afar, die zwischen dem abessinischen und dem Somalplateau streckenweise unter das Meeresniveau hinabreicht, ist das Land von Vulkanen und Lavafeldern mit heißen Quellen übersät. Hier liegt unter anderen der **Dubbi**-Vulkan oder „Vulkan von Edd", der noch im Jahr **1861** Ausbrüche hatte, und der Erta Ale (Orteale). Der Ausbruch des 1625 Meter hohen Dubbi, der zu einem großen Vulkanmassiv gehört, das als Nabro-Vulkangebirge bezeichnet wird, vom 8. Mai bis Oktober 1861 forderte 106 Todesopfer.[44]

Man spricht hierbei von dem größten bekannten Vulkanausbruch in Afrika überhaupt, seine Gewalt wird verglichen mit der des Mount Pinatubo-Ausbruchs im Jahr 1991. Es handelte sich um eine global bedeutende Eruption, die eine Trachyt-Aschenwolke und möglicherweise pyroklastische dichte Ströme erzeugte, worauf nach etwa zwei Tagen auf die Dauer von etwa fünf Monaten basaltische Lavaströme ausströmten.[45]

Danach brach der Dubbi, der in einer plattentektonisch sehr aktiven Zone liegt und auf dessen Gipfel sich mindestens 19 kleine Vulkankrater befinden, erst wieder im Jahr 2011, also genau 150 Jahre nach seiner letzten Aktivität, wieder aus.

Der 2632 Meter hohe, erkletterbare Vulkan Piton de la Fournaise („Glutofen") befindet sich im Indischen Ozean, auf der Maskarenen-Insel La Réunion. Die Kraterlandschaft am Piton de la Fournaise gehört zu den beeindruckenden Naturphänomenen der Insel. Das Foto zeigt „Le Dolomieu", den vierten und jüngsten Krater des Piton de la Fournaise, in den bei der Jahrhunderteruption im April 2007 ein bis zu 360 Meter tiefes Loch gesprengt wurde. Foto (2017): Sully Marchand

Der 5895 Meter hohe und am 6. Oktober 1889 erstmals bestiegene Kilimandscharo in Tansania ist ein erloschener Vulkan. Kilima-Ndscharo, Brockhaus Konversations-Lexikon, 14. Auflage, Leipzig 1899. Digitale Sammlung Blazek

# Asien

Das bis 1320 Meter ansteigende Vulkanmassiv des **Gunung Awu** (Burudu Awu, Aschenberg) beherrscht den Nordteil der indonesischen Insel Sangihe Besar im Sangihe-Archipel. Jeder seiner großen Ausbrüche im 19. Jahrhundert (**1812**, 1856 und 1892) hatte für die dort lebenden Menschen verheerende Auswirkungen. Die Opferzahlen waren jeweils überdurchschnittlich hoch.

Der Kegel des Gunung Awu liegt in einer Caldera mit einem Durchmesser von 4,5 Kilometern. Die Ausbrüche in den Jahren 1711, 1812, 1856, 1892 und 1966 forderten insgesamt über 8000 Todesopfer, vor allem durch pyroklastische Ströme und Lahare, welche sich im Verlauf der Eruptionen entwickelt hatten. Im Gipfelbereich des Schichtvulkans befand sich 1922 ein Kratersee mit einem Durchmesser von einem Kilometer und einer Tiefe von 172 Metern, welcher beim Ausbruch vom 12. August 1966 zerstört wurde.

Josef Nussbaumer vom Institut für Wirtschaftstheorie, -politik und -geschichte in Innsbruck schreibt mit Blick auf die Folgen für die Menschen und das Klima (2000):[46] „Zwischen 1812 und 1815 war es weltweit zu mehreren großen Vulkaneruptionen gekommen. Im April 1812 etwa brach der Vulkan Sourfriere (sic!) (St. Vincent/Karibik) aus. Dabei sollen viele Menschen ums Leben gekommen sein, schon damals sei die karibische Sonne ‚hinter Asche und Rauch verschwunden‘. Nur einige Monate später, Anfang August 1812, brach auf den Philippinen (sic!, die Insel Sangir mit dem Gunung Awu liegt zwar zwischen den Philippinen und Celebes, sie gehört aber zu Indonesien) der Vulkan Gunung Awu aus, wieder mit verheerenden lokalen Folgen."

Der 2462 Meter hohe **Mayon** befindet sich etwa 330 Kilometer östlich der philippinischen Hauptstadt Manila. Er befindet sich in der Bicol-Region am südöstlichen Ausläufer der Hauptinsel Luzón unweit der Stadt Legazpi und der Stadtgemeinde Daraga.

Seit dem ersten belegten Ausbruch 1616 fanden bis heute über 40 weitere Eruptionen statt, die verheerendste davon am 1. Februar **1814**. Mehrere Ansiedlungen im Umfeld des Mayon wurden damals teilweise dem Erdboden gleichgemacht, das Dorf Cagsawa an seiner Südseite mit 1200 Bewohnern begrub der Vulkan unter sich.

Dann jedoch kam am 1. Februar 1814 der große Katastrophentag. Schon am vorhergehenden Abend waren Erdstöße zu verspüren.

Bei Fedor Jagor (1816-1900), einem Forschungsreisenden und Ethnographen aus Berlin, heißt es 1873 in dessen „Reisen in den Philippinen":[47]

„Der Ausbruch vom 1. Febr. 1814 war aber bei weitem der schlimmste. Al. Perrey S. 85 gibt einen Auszug aus der Beschreibung eines Augenzeugen.*) Um 8 Uhr Morgens warf der Berg plötzlich eine dicke Säule von Steinen, Sand und Asche aus, die sich schnell bis in die höchsten Luftschichten erhob. ... Die Seiten des Vulkans verschleierten sich und verschwanden vor unsern Blicken. Ein Feuerstrom stürzte vom Berge herab und drohte uns zu vernichten. ... Alles floh und suchte die höchsten Punkte auf. Das gewaltige Geräusch des Vulkans setzte alles in Schrecken. Die Finsterniß nahm zu ... die Fliehenden wurden zum Theil von den herabfallenden Steinen erschlagen ... die Häuser gewährten keinen Schutz, da die glühenden Steine sie in Brand steckten. So wurden die blühendsten Ortschaften von Camarines in Asche gelegt. Gegen 10 Uhr hörte das Herabfallen der großen Steine auf, ein Sandregen trat an die Stelle; um halb zwei Uhr ließ das Getöse etwas nach, der Himmel klärte sich allmälig auf. ... Der Boden war mit Leichen und Schwerverwundeten bedeckt, in der Kirche von Budiáo waren 200, in einem Hause desselben Ortes 35 Personen umgekommen. Fünf Ortschaften in Camarines sind gänzlich, Albay zum großen Theil zerstört. Zwölftausend Personen kamen um, viele sind schwerverwundet, die Überlebenden haben alles verloren. Der Anblick des Vulkans ist traurig und schrecklich, seine vorher so malerischen, reich bebauten Abhänge sind mit Sand bedeckt, furchtbar dürr ... die Schicht von Steinen und Sand ist 10 bis 12 Varas dick. Wo früher das Dorf Budiáo stand, sind die Kokosbäume bis an ihre Wipfel begraben. In den andern Dörfern ist die Schicht nicht weniger als eine halbe Elle dick. ... Die Spitze des Vulkans hat, so weit ich es beurtheilen kann, über 120 Fuß an Höhe verloren, an der Südseite entdeckt man eine ungeheure Öffnung; drei andre Mündungen haben sich in geringer Entfernung vom Hauptschlunde aufgethan; sie stoßen noch Asche und Rauch aus ... die schönsten Ortschaften von Camarines und der beste Theil der Provinz sind in eine unfruchtbare Sandwüste verwandelt." — Im Estado geogr. ist ein Auszug aus der Schrift eines andern Augenzeugen, Pater Franc. Tubino, aus Guinobátan von 1816 enthalten; es heißt darin: Nach häufigen Erdstößen am vorhergehenden Abend und starken Erschütterungen am Morgen spie der Berg plötzlich aus seinem Rachen etwas wie Schnee aus, das sich pyramidenförmig erhob. und die Gestalt eines schönen Federbusches annahm. Da die Sonne hell schien, so gewährte die vernichtende Erscheinung verschiedene schöne Anblicke. Der Berg war an seinem Fuß schwarz, weiter aufwärts dunkel, in der Mitte bunt, oben aschfarben. Während der Betrachtung des Schauspiels wurde ein heftiger Erdstoß verspürt, gefolgt von starkem Donner. Der Berg fuhr fort Lava mit Gewalt auszustoßen, während die Wolke, die er bildete, sich allmälig vergrößerte. Die Erde wurde verdunkelt, die Luft brannte, man sah aus der Erde Blitze und Funken kommen, die sich durchkreuzten und ein furchtbares Gewitter bildeten. Darauf folgte unmittelbar ein Regen von großen, brennenden und verbrannten Steinen, die alles was sie trafen vernichteten und verbrannten. bald darauf kleinere Steine, Sand und Asche. Dies währte über drei Stunden, die Dunkelheit etwa fünf.

Die Städte Camálig, Cagsáua, Budiáo, die Hälfte von Albáy und Guinobátan wurden verbrannt und zerstört. Die Dunkelheit verbreitete sich sehr weit — bis nach Manila und Ilócos, die Asche soll, wie einige versichern, bis nach China geflogen, der Donner in vielen Theilen des Archipels gehört worden sein."

Beträchtliche Teile von Albay und Guinobatan mit den Städten Camalig, Budiao und Cagsawa wurden durch rotglühende Lavaströme und das Bombardement mit heißem Gestein und Felsbrocken an diesem Katastrophentag ganz oder teilweise zerstört und verbrannt. In Cagsawa hatte der Priester seinen Messdiener um 8.30 Uhr die Glocken läuten lassen, um die Einwohner vor der Eruption zu warnen. Hunderte von Einwohnern suchten danach mit Kerzen in der Hand Zuflucht in der Kirche. Doch dies war keine gute Option. Der Kirchenraum wurde zur unentrinnbaren Falle, weil sich eine Lavazunge schnell auf die Kirche zu bewegte und das Kirchengebäude zusammen mit Aschenregen zum größeren Teil überdeckte. Der Ort Cagsawa wurde ausradiert und hatte insgesamt mehr als 1200 Opfer zu beklagen. Überlebende errichteten eine Nachfolgerkirche in Daraga.[48]

Heute erinnert nur noch ein verwitterter Oberteil des Glockenturms sowie einige Pfarrhaus- und Konventmauern an die damaligen Ereignisse. Wie ein mahnender Finger erhebt sich heute inmitten grüner Reis- und Grasfelder die schwärzliche Ruine des Kirchturms malerisch vor der Kulisse des Mount Mayon.

Postkarte mit dem Mayon und der Kirchenruine. Foto: Sammy Rodriguez, Sammlung Blazek

Vulkane sind charakteristisch für die Inseln des indonesischen Archipels. Dieser besteht aus 17508 Inseln und erstreckt sich über eine Fläche von 1,9 Millionen Quadratkilometern. Mit geschätzt rund 262 Millionen Bewohnern, die sich auf 6044 Inseln verteilen, ist Indonesien die viertbevölkerungsreichste Nation der Welt.

Indonesien ist das Land mit den meisten aktiven Vulkanen der Welt. Die Inseln sind Teil des „Ring aus Feuer", der den Pazifischen Ozean umschließt und zu dem etwa 62 Prozent der aktiven Vulkane zählen. Von Sumatra im Westen bis Neu Guinea im Osten finden sich in Indonesien 128 aktive Vulkane, von denen 65 als gefährlich gelten.

Mehrere erwähnenswerte Ereignisse sind aus dem 19. Jahrhundert aus dem Inselreich Indonesien überliefert, deren Kunde wegen der verheerenden Auswirkungen bis nach Europa vordringen musste.

50

Das Idjen-Gebirge in Ost-Java mit der Vulkangruppe Idjen-Raun, 1858. Reiseskizzen von Emil Stöhr, Christian Winter, Frankfurt am Main 1874. Wikipedia/gemeinfrei

Die Vulkangruppe
I D J E N - R A U N
von Banjuwangi aus gesehen.

Balis höchster und meistverehrter Berg, der 3031 Meter hohe Gunung Agung („Großartiger Berg"), ist ein imposanter Gipfel, den man von fast überall in Süd- und Ostbali sehen kann, obwohl er sich oft in Nebel und Wolken versteckt. Beim letzten Ausbruch kamen im März 1963 fast 1600 Menschen ums Leben. Foto: Ann-Christin Boisen

Die Menschen profitieren von den Feuerbergen, weil sich an ihren Hängen fruchtbare Erde ablagert. Gleichzeitig leben sie in höchster Gefahr durch Ausbrüche und Erdbeben, bei denen sich Lavaströme, Schlammlawinen oder auch Tsunamis ihren zerstörerischen Weg suchen. Seit dem Beginn der Aufzeichnungen von Vulkanausbrüchen in Indonesien wurden über 1100 Ausbrüche dokumentiert. Zu den schlimmsten zählt der Ausbruch des Tambora auf Sumbawa im Jahr 1815. Die Folgen des Ausbruchs waren noch in Europa spürbar, als dort 1816 der Sommer ausblieb. Der Galunggung auf Java hatte im Oktober 1822 einen so heftigen, mit Donner und Blitz begleiteten Ausbruch, dass mehrere Tausend Menschen dabei ums Leben kamen und die Felder weit umher mit Wasser, Schlamm und brennendem Schwefel bedeckt wurden. Ein weiterer Ausbruch mit weltweiten Folgen war der Ausbruch des Krakataus in der Sundastraße, einer Meerenge zwischen den indonesischen Inseln Sumatra und Java, im Jahr 1883. Bei dem gewaltigen Ausbruch starben schätzungsweise 36.000 Menschen. Die Flutwelle, die entstand, als die Vulkaninsel weggesprengt wurde, war noch in Europa zu spüren. Aschewolken verdunkelten jahrelang den Himmel und sorgten weltweit für sinkende Temperaturen.

Erwähnenswert sind ferner die Eruptionen folgender Vulkane: Kelut auf Java 1919, Merapi auf Java 1930 und Agung auf Bali 1963. Heute sind etwa 20 Vulkane immer wieder tätig. Es gibt auch dauertätige Vulkane auf Indonesien, wie zum Beispiel der Semeru, der im Durchschnitt alle 10 Minuten eine Eruption hat.

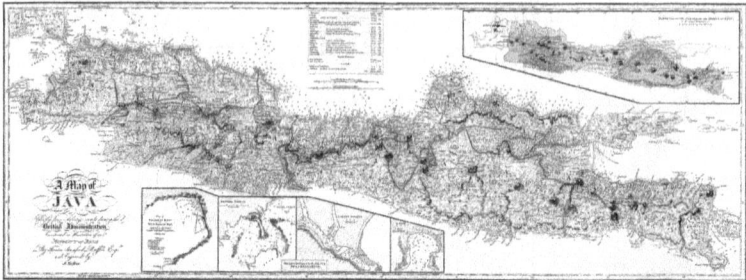

Junghuhns Vorlage für seine große Java-Karte / A Map of Java von Horsfield und Raffles. Blattgröße ca. 41x114 cm, Maßstab ca. 1:966.000. „Mein erstes Bemühen war [...] dahin gerichtet, auf den Grundlagen dieser Arbeit eine verbesserte Positionskarte der Vulkane von Java zu entwerfen" (Junghuhn, Java – seine Gestalt, Pflanzendecke und innere Bauart, 1. Abt., 2. Ausg., Arnoldische Buchhandlung, Leipzig 1857, S. 79). Wikipedia/gemeinfrei

Zunächst war es der **Tambora**, der durch seine gewaltige Eruption eine historische Katastrophe verursachte, in deren Folge das Jahr 1816 ein Jahr ohne Sommer wurde.

Politisch war es eine Zeit des Umbruchs. 1799 hatte der Staat Niederlande Niederländisch-Indien als staatliche Kolonie übernommen. Im Jahr 1806 wurde Holland zum Königreich von Napoleons Gnaden. Marschall Herman Daendels (1762-1818) trat auf Geheiß Kaiser Napoleons (1769-1821) am 14. Januar 1808 in Batavia (Jakarta) die Nachfolge von Albertus Henricus Wiese (1761-1810) als Generalgouverneur von Niederländisch-Indien an. Ein britischer Flottenverband besiegte 1811 die Niederländer auf Java, womit die niederländischen Gebiete in Indonesien unter Aufsicht der Britischen Ostindischen Gesellschaft fielen. Der britische Generalgouverneur von Indien (seit 1806), Sir Gilbert Elliot, 1st Earl of Minto (1751-1814), ernannte seinen Sekretär Thomas Stamford Raffles (1781-1826) zum britischen Gouverneur für Java und seine Schutzgebiete (1811-1816).

Im 18. Jahrhundert waren mehr als 60 Prozent der Bevölkerung Batavias Sklaven. Sie hatten meistens Haushaltsarbeiten zu erledigen. Die Arbeits- und Lebensumstände waren im Allgemeinen angemessen. Es gab Gesetze, die sie vor einem allzu groben Auftreten ihrer Herren schützten. Generalgouverneur

Thomas Stamford Raffles reorganisierte für die Einheimischen die Gerichtsbarkeit. Die Folter wurde abgeschafft, das Schwurgericht eingeführt. Sklavenhandel wurde verboten, Sklaverei besteuert.[49]

„Aus der letzten im Jahr 1824 vorgenommenen Zählung, ergab sich die Volksmenge zu 3025 Europäern oder Abkömmlingen von Europäern, 23 008 Javaern und Malaien, 14 708 Chinesen, 601 Arabern, 12 419 Sklaven", heißt es in einer „Notiz über Batavia" in „Staatenkunde" von Dr. Heinrich Berghaus (1830).[50]

Vor dem Ausbruch war der Tambora ein Kegelberg und wohl der höchste Berg des ganzen Archipels gewesen. Das mit dem Ätna vergleichbare Massiv hatte einen Basisdurchmesser von 40 Kilometern und teilte sich in zwei Gipfel. Am 5. April **1815** brach der Kegelvulkan, von dem man gar nicht wusste, dass er ein Vulkan war, aus, am 10. und 11. April ereigneten sich die heftigsten Explosionen, in deren Verlauf der Vulkan ein Drittel seiner Höhe, etwa 1500 Meter, einbüßte. Die Explosionen wurden bis in 1500 Kilometern Entfernung gehört. Der Ausbruch legte die gesamte Insel in Schutt und Asche und hinterließ eine Caldera von sechs Kilometern Durchmesser. Der Ausbruch dauerte 102 Tage bis zum 15. Juli. Nach der mäßigsten Schützung sollen 150 Kubikkilometer Gestein bewegt worden sein, also das Achtfache des Krakatau-Ausbruchs vom 27. August 1883. Geschätzt kamen 12 000 Menschen unmittelbar und weitere 44 000 Menschen durch Erdbeben, Flutwellen und Aschenregen auf der Insel Lombok ums Leben.

Das Reich Tambora und das Reich Papekat wurden im Zuge der Katastrophe ganz vernichtet. Zudem schloss sich eine Massenflucht der dortigen Bevölkerung an.

Nur 30 Menschen sollen die Katastrophe überlebt haben, sie sollen aber bei einer Überschwemmung im folgenden Jahr ums Leben gekommen sein.

Der mehrtägige Ausbruch des Gunung Tambora 1815 war ein Vulkanausbruch mit verheerenden Auswirkungen auf die nördliche Hemisphäre. In Europa zeigten sich noch im gleichen Jahr eigenartige Erscheinungen am Himmel, die beiden Sommer darauf waren durch die durch den Vulkanausbruch entstandenen Sulfataerosole in der Stratosphäre extrem kalt und nass und führten in großen Teilen Europas und auch in den USA zur Hungerkrise 1816/1817.[51]

Die Eruption des Tambora erfolgte nach der Meinung der Eingeborenen als Strafgericht des Himmels über eine ruchlose Handlung des Königs von Tambora.

Sumbawa gehörte ab 1673/74 zu Niederländisch-Indien, doch behielten die ursprünglich auf der Insel bestehenden sechs Sultanate weitgehende Selbstständigkeit. In Niederländisch-Indien bestand die Urbevölkerung aus Negritos, die aber von den Malaien in die Gebirgsschlupfwinkel des Innern der östlichen Inseln zurückgewichen sind. Hauptstadt der Kolonie Niederländisch-Indien war Batavia, die heutige Metropole Jakarta, auf der Insel Java.

Der Schweizer Botaniker Heinrich Zollinger (1818-1859) war der Erste und auch Einzige, der die Ereignisse chronologisch recherchiert hat. Zollinger hatte

1842 seine Sekundarlehrerstelle in Herzogenbuchsee aufgegeben und war als Privatmann nach Niederländisch-Indien, auf die Insel Java, gegangen. Er versuchte seinen Lebensunterhalt als Pflanzensammler für Herbarien europäischer Museen und Privatleute zu verdienen. 1855 wurde im Verlag von Joh. Wurster & Comp. in Winterthur sein Buch „Besteigung des Vulkanes Tambora auf der Insel Sumbawa" herausgegeben. Die folgenden Beschreibungen halten sich eng an die Ausführungen Zollingers.

Beschreibung der Tambora-Eruption im „Oppositions-Blatt, Weimarische Zeitung", 2. März 1820. Digitale Sammlung Blazek

Die Berichte über die mächtige Eruption sind verhältnismäßig spärlich. Sie sind zusammengestellt in den „Narrative of the effects … of the eruption from the Tambora — mountain in the island of Sumbawa on the 11 and 12 april 1815".[52] Nach dieser Quelle, in der auch Zeitzeugen zu Wort kommen, stellte sich das Desaster wie folgt dar:

Der Ausbruch des Gunung Tambora erschütterte jene Gegenden der Erde so gewaltig, dass die Wirkung davon im ganzen Umkreise der Molukken sowohl, als in dem näheren Java, den Inseln Celebes, Sumatra und Borneo, folglich in einem Umkreis von mehr als tausend geographischen Meilen gefühlt wurde. Auf allen diesen Inseln spürte man die Explosion durch eine wiederholte zitternde Bewegung des Bodens sowohl, als durch den entsetzlichen Widerhall des unterirdischen Krachens und Donnerns. In den näher liegenden Gegenden und wohl in einer Entfernung von 300 Meilen von seiner Werkstatt sah man die entsetzlichen Verheerungen, die die ganze Insel mit dem Untergang bedrohten und alle Bewohner mit der größten Angst erfüllten. In Java, das in seinen näheren Provinzen 100 geographische Meilen von diesem Berge entfernt ist, schien die Verwüstung ganz in der Nähe vor sich zu gehen. Am hohen Mittag war der Himmel durch Wolken von Asche und Sand verdunkelt, und die Sonne war mit einem Schleier umgeben, dessen Dichtigkeit die glühende Kraft ihrer Strahlen ganz vernichtete. Platzregen von dicker Asche überdeckten mehrere Zoll hoch die Häuser, Felder und Wege. Die stockfinstere Nacht in der Mitte des Tages wurde noch grauenhafter durch das von Zeit zu Zeit losbrechende Getöse, welches das Abfeuern des schweren Geschützes oder das Krachen eines heftigen Donnerschlages weit übertroffen haben würde. Dieses Getöse hatte so viel Ähnlichkeit mit einer Kanonade, dass viele Seeoffiziere nichts anderes glaubten, als dass Seeräuber an der Küste gelandet wären und wirklich mit ihren Fahrzeugen in die See stachen, um den angegriffenen Schiffen zu Hilfe zu eilen. Anderseits verkündigten schwärmerische Priester dem abergläubigen Volk die Rückkehr des Propheten und seine bevorstehende baldige Befreiung [= vom holländischen Joch]. Die Verständigsten unter den Eingeborenen waren der Meinung, dass einer der größten javanischen Vulkane ausgebrochen sei; dass der Aschenregen, welcher Java überschüttete, aus einem Berge der Insel Sumbawa, die hunderte von Meilen von da entfernt ist, herüberkommen könnte, war jedem Sterblichen undenkbar.

Um einen authentischen Bericht über diesen entsetzlichen und so ganz ungewöhnlichen Ausbruch des Tambora zu erhalten, sandte der Gouverneur Zirkulare an die verschiedenen Residenten der Provinzen Javas, um von den Umständen, die sie als Augenzeugen beobachtet, genaue Meldungen zu machen. Aus den Antworten dieser Herren ist die folgende Erzählung zusammengesetzt.

Die ersten Ausbrüche des Tambora wurden auf Java am Abend des 5. Aprils verspürt. Man hörte sie überall und sie dauerten mit Zwischenpausen bis zum folgenden Tage. Das Getöse wurde allgemein für eine entsetzliche Kanonade gehalten, sodass selbst ein Detachement Soldaten von Jogjakarta [damalige Schreibweise von Yogyakarta] abgeschickt wurde, weil man glaubte, dass der eine oder andere nahe liegende Militärposten feindlich angefallen würde. In dieser Voraussetzung ließ man auch von der Küste aus einige Fahrzeuge in die See gehen, um zu erfahren, ob sich irgendein Schiff in Not befände.

Aber am folgenden Morgen sah man, dass Asche niederfiel, und nun verschwand jeder Zweifel über die Ursache des fortdauernden Getöses. Es ist merkwürdig, dass man das Getöse in jeder Residentschaft so laut vernahm, als ob es in der größten Nähe wäre. Man hielt es daher allgemein für die Folge einer Eruption des Merapi.

Am 6. wurde die Sonne wieder sichtbar. Sie schien in einen dichten Nebel gehüllt zu sein; die Luft war heiß, und die Atmosphäre in schwüler Ruhe. Die Sonne erschien ohne Strahlen, und die Totenstille verkündete ein nahes Erdbeben. So ging es verschiedene Tage lang fort; von Zeit zu Zeit wiederholten sich die donnernden Ausbrüche, waren jedoch weniger stark und weniger zahlreich, als im Anfange. Überall fiel vulkanische Asche nieder; im Anfang wenig und in den westlichen Teilen der Insel in so geringer Menge. dass man sie kaum bemerkte. Dieser Stand der Atmosphäre blieb ohne bedeutende Veränderung bis zum 10. April, und hatte bis zu diesem Tage nicht mehr Unruhe verursacht, als jeder gewöhnliche Ausbruch eines Vulkans auf Java. Allein am Abend des 10. wurde der erschütternde Donner vielfacher und stärker, besonders ostwärts von

Cheribon. Der Himmel wurde durch einen dichten Aschenregen verfinstert, und an verschiedenen Orten, besonders um Solo und Rembang, wurde eine zitternde Bewegung verspürt. Am 11. waren die Ausbrüche so heftig, dass in den östlichen Distrikten von Java die Häuser wankten. Die darauf folgende Nacht war unbeschreiblich dunkel (Milton's „darkness visible") und bis in die Mitte folgenden Tages konnte man kaum einigen Lichtschimmer wahrnehmen. Zu Solo waren am 12. des Mittags die Gegenstände auf 100 Schritte kaum sichtbar, ebenso wie zu Amsterdam bei ungewöhnlich starkem Nebel. Weiter ostwärts zu Gresik (Grissee) und zu Surabaja, war es mittags desselben Tages ebenso dunkel, wie in der Nacht. Diese Dichtigkeit der Atmosphäre verminderte sich verhältnismäßig abwechselnd, wie die Aschenwolken durch das Niederfallen dünner wurden. Zum Beispiel die Asche, die zu Banyuwangi neun Zoll hoch niedergefallen war, lag zu Sumanap nicht höher als zwei Zoll und zu Grissee noch weniger dick. Im Westen von Samarang ist die Sonne nur wenig verfinstert worden.

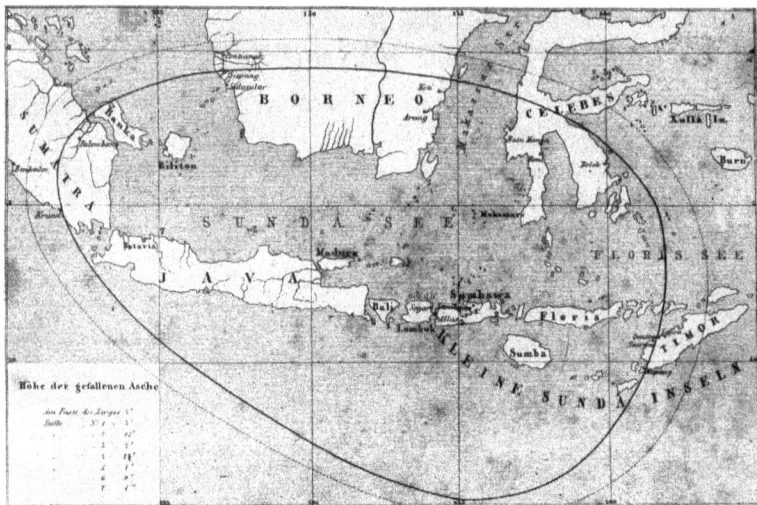

Höhe der gefallenen Asche. Verbreitung der Asche, ausgeworfen vom 'I'ambora im Jahre 1815, nach Zollinger. Maßstab 1:20000000. Zeitschrift für Vulkankunde, D. Reimer (E. Vohsen), Berlin 1918, S. 171. Digitale Sammlung Blazek

Hierzu liegen noch die Lokalberichte der Residenten vor.

Aus der Hafenstadt Gresik (Grissee): „Als ich am Morgen des 12. erwachte, kam es mir vor, als wenn die Nacht sehr lange gedauert hätte. Ich hielt meine Uhr nahe an die Lampe und sah, dass es über halb neun Uhr war. Ich begab mich augenblicklich ins Freie und bemerkte, dass eine Wolke von Asche den Horizont erfüllte. Um neun Uhr war es noch ganz dunkel. Gegen zehn Uhr sah ich einen kleinen Schimmer, fast gerade über mir in der Sonnengegend. Halb elf Uhr fing man an die Gegenstände auf 50 Schritt weit zu unterscheiden. Um elf Uhr nahm ich mein Frühstück bei Kerzenlicht, und die Vögel fingen an zu zwitschern, als ob der Tag anbrechen wollte. Halb zwölf Uhr wurde die Sonne eben sichtbar; doch sehr blass und sehr zweifelhaft, wegen einer dichten Aschenwolke. Um 1 Uhr nachmittags fiel der Aschenregen stärker und vermehrte sich bis drei Uhr, worauf es bis fünf Uhr etwas hell wurde, ob ich gleich bis sechs Uhr nicht ohne Kerzenlicht schreiben konnte. Den 13. durchreiste ich den Distrikt und vernahm allenthalben von denselben Erscheinungen, so wie dass die ältesten Eingebornen weder aus früherer Erfahrung, noch selbst aus ihren ältesten Überlieferungen von einem solch entsetzlichen Ausbruch jemals etwas vernommen hätten. Einige Eingeborne betrachteten dies Ereignis als ein Vorzeichen einer bevorstehenden Regierungsveränderung; andere fragten ihre ungereimten Legenden um Rat und sagten, dass die berüchtigte Njai Loroh Kidul eines ihrer Kinder verheirate und bei dieser Gelegenheit aus ihrem übernatürlichen Geschütze Salven gegeben hätte. Die Asche halten sie für die Überbleibsel ihrer Munition."

Von Sumanap: „Am Abend des 10. wurde das Getöse der Ausbrüche sehr laut; sie erschütterten die ganze Stadt, und die Schläge folgten so schnell auf einander, wie bei einer heftigen Kanonade. Gegen Abend des folgenden Tages wurde die Atmosphäre so verfinstert, dass man schon vor vier Uhr die Kerzen anzünden musste. Ungefähr um 7 Uhr am Abend des 11. trieb eine plötzliche Einströmung aus der Bai während der Ebbe das Wasser im Flusse mit einmal 4 Fuß höher, welches aber nach vier Minuten wieder auf seinen vorigen Stand zurücksank. Die Bai war in diesem Augenblicke sehr unruhig und an der Nordseite von einer feuerroten Glut erhellt. Die ungemeine Finsternis dieser Nacht wich nicht vor 11 oder 12 Uhr des folgenden Vormittags, und von diesem ganzen Tag konnte man kaum sagen, dass Tageslicht da gewesen wäre. Vulkanische Asche fiel wie ein Platzregen nieder, und bedeckte den Boden zwei Zoll hoch. Auch die Bäume waren wie mit Asche bestreut."

Aus der Hafenstadt Banyuwangi: „Am 1. April des Morgens um 10 Uhr hörten wir ein Gepolter, wie von schwerem Geschütz, das in Zwischenräumen bis 9 Uhr des folgenden Vormittags anhielt; zu Zeiten wurde es so stark, wie ein ferner Donner. Aber in der Nacht des 10. wurden die Ausbrüche entsetzlich, so dass die Erde und das Meer heftig davon erschüttert wurden. Gegen den Morgen wurden die Schläge etwas schwächer und verloren sich langsam bis zum 14., wo sie ganz aufhörten. Am Morgen des 3. April fiel die Asche wie feiner Schnee und dies hielt den ganzen Tag an, bis sie die Höhe eines halben Zolles erreicht hatte. Bis zum 11. war die Luft stark mit Asche geschwängert, weshalb es sehr unangenehm war aus dem Hause zu gehen. Am Morgen des 11. war die nahe Küste von Bali ganz unsichtbar und wie in einen dichten Nebel gehüllt, welcher sich augenscheinlich der javanischen Küste näherte und einen sehr widrigen Anblick darbot. Um 1 Uhr Nachmittags war man bereits genötigt, Licht anzuzünden; um 4 Uhr war es schon stockdunkel und so blieb es bis zum folgenden Nachmittag 2 Uhr. In dieser ganzen Zeit war ununterbrochen Asche niedergefallen, sodass sie nun 8 Zoll dick auf der Erde lag. Nach 2 Uhr begann es etwas heller zu werden; doch vor dem 14. konnte man die Sonne nicht unterscheiden, und die ganze Zeit über war es ungewöhnlich kalt. Der Aschenregen dauerte fort, wurde jedoch immer dünner, und die größte Höhe erreichte er am 15. April, nämlich neun Zoll."

Alle Berichte stimmen überein, dass eine so heftige und weitwirkende Eruption weder bei Menschengedenken noch in den allerältesten Überlieferungen vorgefallen sei. Die Eingebornen erzählten viel von ähnlichen Erscheinungen, die vor sieben Jahren durch den Vulkan in Karang Assem auf der Insel Bali bewirkt worden; aber die Heftigkeit des letzteren Ausbruches kam der des gegenwärtigen bei weitem nicht gleich. Als einen Zug von Aberglauben kann man melden, dass die Balinesen den gegenwärtigen Ausbruch des Tambora sogleich mit einem Streit in Zusammenhang brachten, welcher zwischen den beiden Radjas von Bali-Beliling entstanden, wobei der jüngste Radja auf Befehl seines Bruders ermordet worden war.

Die glühende Hitze der Atmosphäre und der wechselnde Aschenregen dauerten bis zum 17., da beide mit einem starken, wirklichen Regen endigten. Hierdurch erhielt die Luft wieder Helle und Kühlung, und diese Veränderung trat zu rechter Zeit ein, um der Vernichtung aller Gewächse und der Überhandnahme einer eben ausgebrochenen epidemischen Krankheit Einhalt zu tun. Zwei oder drei Tage, bevor es zu regnen anfing, waren besonders zu Batavia sehr viele Menschen von Fiebern befallen worden. Die Landleute bemühten sich überall, die Asche von den Pflanzen und Reishalmen zu schütteln und der bei Zeiten eingetretene starke Regen vertrieb die Furcht, dass sich in der um die Wurzel gehäuften Asche eine Menge schädlicher Insekten entwickeln möchten. Zu Rembang, wo vor dem 17. kein Regen fiel, und die Asche in großer Menge niedergefallen war, wurden die Gewächse einigermaßen beschädigt; zu Gresik (Grissee) war der Schaden gering; zu Banyuwangi und der Umgegend war die Verwüstung am größten. 126 Pferde und 86 Stück Hornvieh kamen ums Leben, weil einen ganzen Monat nach dem Ausbruch kein Futter vorhanden war.

Dies nun die merkwürdigsten Erscheinungen, welche dieses unvergessliche Ereignis auf der Insel Java bewirkt hat. Wir wollen nun auch betrachten, was in der Nähe des eigentlichen Schauplatzes der Verdichtung vorgefallen ist. Die Beschreibung davon, sei sie auch noch so einfach, wird vielleicht ergreifender sein, als die zierliche Erzählung des Plinius vom Ausbruche des Vesuvs. Die Erscheinungen an Ort und Stelle sind von dem britischen Lieutenant Owen Philipps, welcher absichtlich deshalb nach Sumbawa geschickt ward, genau beobachtet worden; er war zugleich vom Gouverneur beauftragt, den notleidenden Einwohnern dieser Insel mit Lebensmitteln beizustehen.

Der Nachodah (Befehlshaber) einer malaischen Prau, die von Timor kam, berichtet diesem Seeoffizier, dass am 11. April, als er sich in einer großen Entfernung von Sumbawa in See befand, der Himmel sich ganz verfinstert habe, dass hierauf, als er in einer Entfernung von 1½ g. Meilen am Tambora vorbei gesegelt, der Fuß dieses Berges in lichten, loben Flammen zu stehen schien, indes sein Gipfel mit Wolken bedeckt gewesen, die eine düstere, feuerrote Farbe hatten. Der Nachodah begab sich selbst an das Ufer, um Wasser einzunehmen, und fand den Boden drei Fuß hoch mit Asche bedeckt. Am Strande sah er eine Anzahl inländischer Fahrzeuge, welche durch die Gewalt des Orkans aus dem Meer auf das Land geworfen waren, und allenthalben fand er Leichen von Eingeborenen, die der Hunger getötet hatte. Als er Sumbawa verließ, bemerkte er eine starke westliche Strömung und traf hie und da auf große Haufen Asche, die in der See trieben und in einer gewissen Entfernung trockenen Klippen oder Sandbänken glichen, und zwar oft in so großer Menge, dass er sein Fahrzeug nur mit Mühe hindurchsteuern konnte. Die ganze Nacht des 12. hindurch war er von solchen Aschenhaufen umringt, und versicherte, dass sie eine Masse von zwei Fuß Dicke und zuweilen von einer Stunde im Umkreis gebildet hätten. Derselbe Nachodah berichtete ferner, dass der Vulkan von Karang Assem auf der Insel Bali gleichzeitig mit dem Tambora Flammen ausgeworfen habe; und es scheint durch übereinstimmende Berichte bestätigt zu werden, dass man in den Bergen des Distrikts Rembang sowohl, als in dem Guong Geck: in den Preanger Regentschaften ein ungewöhnliches, unterirdisches Getöse und Foltern vernommen habe. Indes haben die genauesten Nachforschungen bewiesen, dass in der großen Vulkankette, welche die Insel Java von Osten nach Westen durchläuft, kein gleichzeitiger Ausbruch stattgefunden habe.

Zu Makassar befand sich damals der Gouvernements-Kreuzer „Benares". Der kommandierende Offizier dieses Schiffes sandte an den oben genannten Lieutenant Philipps folgenden offiziellen Rapport:

„Am 5. April vernahmen wir zu Makassar ein Getöse, wie von einer heftigen Kanonade, welches mit Zwischenpausen den ganzen Nachmittag fortdauerte und aus Süden herzukommen schien. Gegen Sonnenuntergang kam es uns vor, als ob die Schüsse (denn dafür hielten wir dieses Gepolter) viel näher kämen und aus sehr schwerem Geschütz herrühren müssten, indes man auch zuweilen schwächere Schüsse hörte. In der Voraussetzung, dass ein Gefecht gegen Seeräuber geliefert werde, schickte man ein Detachement niederländischer Truppen mit dem Kreuzer Benares in die See, um dieselben aufzusuchen. Aber nachdem die umliegenden Inseln durchforscht worden, kam dieser den 8. zurück mit dem Berichte, dass man durchaus Nichts entdeckt habe. In der Nacht des 11. wurde das Schießen aufs Neue gehört; doch viel schwächer mit schnell auf einander folgenden Schlägen. Gegen Morgen aber folgten sie so schnell aufeinander, dass es manchmal war, als ob drei oder vier Kanonen zugleich abgefeuert würden, und die Schläge waren so stark, dass die Häuser im Fort Rotterdam und die Schiffe auf der Rede von Makassar erschüttert wurden. Manchmal schien der Donner so nahe zu sein, dass ich mehr als einmal den Mast besteigen ließ, um nach dem Feuer auszusehen. Gegen Morgen lichtete ich die Anker und steuerte südlich, um die Sache näher zu untersuchen. Der Morgen des zwölften war sehr düster und der Himmel war schwarzfahl, besonders in Süden und Südwesten, bei einem lauen, östlichen Winde. Alles zeigte an. dass eine ungewöhnliche Naturerscheinung sich ereignet habe. Um 8 Uhr des Morgens war es noch viel dunkler, als vor Sonnenaufgang. Zu gleicher Zeit lag eine dunkelrote Glut über dem Horizont, und um 10 Uhr war es so finster, dass man in der Entfernung von einer halben Viertelstunde kaum ein Schiff erkennen konnte. Gegen 11 Uhr war der Himmel gänzlich verhüllt, einen kleinen Teil gegen Osten ausgenommen, wo der Wind herkam. Nun fiel die Asche als dichter Schnee nieder, und die ganze Natur gewährte einen toten, beunruhigenden Anblick. Um 12 Uhr entschwand auch das wenige Licht, das noch am östlichen Horizont erschienen war, und eine undurchdringliche Finsternis trat an die Stelle des Tages. Diese Finsternis hielt den ganzen Tag durch an, und vermehrte sich so, dass ich in gewöhnlichen Zeiten bei Nacht nie eine ähnliche Finsternis erlebt habe. Es war buchstäblich unmöglich, die Hand vor den Augen zu erkennen. Die Asche fiel die ganze Nacht hindurch und war so fein, dass sie, obgleich wir überall Decken und Segel über die Lücken breiteten und noch überdies ein gutes Sonnenzelt über das Verdeck gespannt war, dennoch durch alle Öffnungen in das Schiff drang. Um 6 Uhr des andern Morgens war es noch eben so dunkel; aber um halb 8 Uhr begann ein kleiner Lichtschimmer durchzubrechen, und um 8 Uhr konnte man die Gegenstände auf dem Verdecke unterscheiden. Von dieser Stunde an wurde es nach und nach heller.

Bei Tagesanbruch sah unser Fahrzeug sehr sonderbar aus. Segel und Taue waren ganz mit Asche bedeckt, welche kalziniertem Bimsstein glich und fast wie Holzasche aussah. Die Menge, welche wir über Bord warfen, betrug hunderte von Zentnern an Gewicht; denn ob sie gleich beim Niederfallen sehr leicht und flockig wie Schnee zu sein schien, so war sie doch, zusammengehäuft, sehr schwer; eine Pinte voll wog 3/5 niederländische Pfund. Sie hatte durchaus keinen Geschmack, und verursachte keine Schmerzen in den Augen; ihr Geruch war zwar brandig; doch nicht schwefelig. Mit Wasser angefeuchtet, gab sie einen zähen Teig, der sehr klebrig und nur schwer von den Händen abzuwaschen war. Ungefähr am Mittag des 12. kam die Sonne wieder zum Vorschein, doch schien sie nur mit schwachen Strahlen durch den Nebel durchbrechen zu können. Der Luftraum war noch beständig mit Asche erfüllt, und diesen ganzen Tag über fiel sie wie feiner Sand nieder. So blieb es bis zum 15. bei einer schrecklichen Hitze und vollständiger Windstille. Des Morgens am 13. (sagte der erwähnte Nachodah) hatten wir Makassar verlassen, und am 18. segelten wir auf der Höhe längs der Küste von Sumbawa. Das Fahrzeug musste sich durch große Anhäufungen von Bimsstein, welche mit Asche vermischt auf dem Meere trieben, einen Weg bahnen. Sie glichen von ferne trockenen Bänken so vollkommen, dass ich anfangs in der Entfernung von einer Viertelstunde ein Boot ausschickte, um sie zu untersuchen. Ich hielt die erste derselben für eine trockene Sandbank von der Länge einer Meile, die mit verschiedenen schwarzen Klippen besetzt schien; aber bei der Untersuchung zeigte es sich, dass sie aus einer einzigen Masse von Bimssteinen bestand, welche mit einer Menge großer Baumstämme, die wie vom Blitz schwarz gebrannt und zersplittert schienen, vermengt war. Das Boot konnte mit Mühe hindurch kommen und der Eingang der Bai von Bima war von einem Ende bis zum andern im buchstäblichen Sinne mit Bimssteinen und Treibholz angefüllt.

Am 19. kamen wir in der Bai von Bima vor Anker. Die Küsten, die Häuser und die Bäume waren ganz mit Asche bedeckt und gewährten einen schauderhaften Anblick. Auch der Grund der Bai muss eine große Veränderung erlitten haben; denn wir fanden acht Faden Tiefe auf demselben Platze, wo vor einigen Monaten ein Kreuzer von Ternate bei sechs Faden vor Anker gelegen hatte, nämlich nahe an der Bank, die vor der Stadt Bima liegt."

Der Resident von Bima (14 Stunden Weges östlich vom Tambora) sagte: „In der Nacht des 11. waren die Schläge am heftigsten und über alle Beschreibung schrecklich, als wenn ein schwerer Mörser nahe vor den Ohren abgefeuert worden wäre. Die Finsternis begann ungefähr 7 Uhr Morgens und dauerte 12 Stunden länger, als zu Makassar. Die Asche fiel so schwer nieder, dass das Dach des Residenzhauses an vielen Stellen einsank und das Haus selbst unbewohnbar wurde, was auch bei vielen anderen Wohnungen in der Stadt der Fall war. Die Luft war während dieser ganzen Zeit totenstill, und auch auf der See war kein Lüftchen zu spüren, obgleich sie sehr ungestüm war und entsetzlich hoch anlief, sodass die Wellen weit in das Land hereinströmten und die untersten Teile der Häuser unter Wasser setzten. Alle Fahrzeuge wurden von ihren Ankern losgerissen und auf den Strand geworfen, wo noch diesen Augenblick mehrere derselben weit über der höchsten Springflutlinie auf dem Trockenen liegen geblieben sind."

Am 22. kam das inländische Schiff „Despatch von Amboina" in der Bay von Bima vor Anker. Dieses Schiff hatte eine Bucht, welche westwärts liegt und die Bay von Sangar heißt, für die Bay von Bima angesehen und war da eingelaufen. Der Radja von Sangar berichtete dem Kommandanten desselben, dass das ganze Land verwüstet und alle Feldfrüchte vernichtet seien.

Sangar liegt ungefähr fünf holländische Seemeilen südöstlich des Tambora. Der kommandierende Offizier des Schiffes konnte nur mit der größten Mühe in die Bay einlaufen, weil sie in einer großen Entfernung von dem Lande mit Bimssteinasche und Treibholz angefüllt war; das Letztere waren Reste von den Häusern, die durch die niederfallende Asche eingestürzt und vernichtet werden waren. Als er am folgenden Tage in einer Entfernung von 1 1/2 Meilen an dem Tambora vorbeisegelte, war dessen Gipfel unsichtbar und mit dichten Wolken von Rauch und Asche bedeckt. Die Seiten des Berges rauchten an mehreren Stellen vermutlich von der herabgeflossenen Lava, welche noch nicht ganz abgekühlt war und von der verschiedene Ströme bis weit ins Meer geflossen waren. Einer von diesen Lavaströmen, in NNW des Berges war deutlich durch seine abstechende schwarze Farbe mitten in der lichtfahlen Asche, und durch den dichten Rauch, welcher noch anhaltend aus der schwarzen Masse emporstieg, zu unterscheiden.

Es ist außer allem Zweifel, dass dieser Ausbruch des Tambora in der ganzen Kette der molukkischen Inseln vernommen worden ist. Der Kreuzer „Teignmouth" lag am 5. April bei Ternate vor Anker. Der Kommandant desselben schrieb nach Batavia, dass zwischen 6 und 8 Uhr Morgens auf der Rhede von Ternate ein donnerndes Getöse deutlich gehört wurde, besonders nach Südosten hin, welches dem Donner aus schwerem Geschütz ähnlich gewesen, sodass der angeführte Offizier nichts anderes geglaubt habe, als dass in dieser Richtung irgendein Schiff Notschüsse abfeure, weshalb er auch eine Schaluppe ausschickte, um die Insel zu umrudern. Am folgenden Morgen aber kam dieselbe zurück, ohne irgend ein Fahrzeug entdeckt zu haben, woraus er dann schließen konnte, dass das Getöse durch den Ausbruch irgend eines in dieser Richtung liegenden Vulkans verursacht sein müsse. Da der Ost-Musson bereits eingetreten war, konnten die Ausbrüche nicht so leicht in den Molukken vernommen werden, als es bei dem entgegengesetzten Wind der Fall hätte sein müssen. In einer andern Richtung sind die Wirkungen bis nach Benkulen und vielen andern Gegenden von Sumatra wahrgenommen worden; dies beweisen mehrere Briefe, welche von dort aus in Batavia anlangten, und von denen das Folgende ein Auszug ist:

„Es ist bemerkenswert, dass dasselbe Getöse (welches überall für Schüsse aus schwerem Geschütz gehalten wurde) in allen Etablissements an der Westküste von Sumatra zu gleicher Zeit gehört wurde. Am Morgen des 11. April hörte man es in Benkulen. Die Eingeborenen, welche vom Gebirge herab an den Strand kamen, hatten solches ebenfalls vernommen, und erzählten, dass die Blätter der Bäume und die Feldfrüchte mit einer dünnen Lage sehr feiner Asche bedeckt wären. Zu Padang und weiter nordwärts scheinen die Ausbrüche nicht mehr gehört worden zu sein. Der Abstand zwischen Benkulen und Sumbawa beträgt in gerader Linie 300 g. [niederländische] Meilen."

Zum Schluss folgt hier noch der am 28. September 1815 zu Batavia zu Papier gebrachte eigenhändige Bericht des Lieutenants Owen Philipps:

„Auf meiner Reise nach dem westlichen Teile der Insel (Sumbawa) durchging ich den ganzen Distrikt Dompo und einen Teil von Bima. Das Elend der Bevölkerung war auf den höchsten Gipfel gestiegen und entsetzlich anzusehen. An dem Wege lagen noch Überbleibsel von Leichen um die Plätze her, wo die übrigen so eben begraben worden waren. Die Dörfer waren entvölkert, die Häuser eingestürzt und halb unter der Asche begraben; die wenig übrig gebliebenen Einwohner irrten hungrig umher, um einige Nahrung aufzusuchen.

In Dompo, Bima, Sangar war bald nach dem Ausbruch des Vulkans eine heftige Diarrhö entstanden, wodurch in wenigen Tagen eine große Menge Volks hingerafft wurde. Die Eingebornen schoben diese neue Plage auf das Wasser, weil es mit vulkanischer Asche vermischt war. Auch Pferde und andere Tiere sind an derselben Krankheit zu Grunde gegangen.

Der Radja von Sangar kam zu mir nach Dompo, um mir einen Besuch zu machen. Das Elend seiner Untertanen war noch größer, als in Dompo. Die Not war so schrecklich gewesen, dass sogar eine seiner Töchter vor Hunger gestorben war. Ich gab ihm im Namen des Gouvernements drei Kojang (zirka 90 Zentner) Reis, wofür mir dieser unglückliche Fürst mit Tränen dankte.

Der Radja war selbst Augenzeuge des schrecklichen Schauspieles gewesen; ich zeichnete daher seine Erzählung sogleich auf:

Ungefähr 7 Uhr Nachmittags, am 10. April, brachen am Gipfel des Tambora drei getrennte Feuersäulen aus; doch alle, wie es schien, innerhalb des Kraters. Diese Säulen stiegen hell flammend sehr hoch in die Luft und vereinigten sich in einem Feuerstrom. Im Augenblick darauf war der ganze Berg eine Masse glühender Lava, die nach allen Seiten herabströmte.

Der ganze Horizont stand in Feuer und Flammen, bis die niederfallende Asche und die Steine eine Stunde darnach diese abscheuliche Glut stoßweise verdunkelten. Zu Sangar fiel eine unbeschreibliche Menge Steine nieder; einige so groß, als zwei Fäuste, doch die meisten nicht größer als Walnüsse. Zwischen 9 und 10 Uhr nahm die Masse der niederfallenden Asche und Steine immer mehr zu, und mit einem Mal entstand ein heftiger Wirbelwind, welcher alle Häuser in Sangar umwarf und die Dörfer mit sich in der Luft fort führte. In dem Teile von Sangar, der an das Land Tambora grenzt, wurden die größten Bäume mit der Wurzel aus dem Boden gerissen, und zugleich mit Häusern, Menschen und Vieh in der Luft weggeführt. Das Meer stieg plötzlich 12 Fuß höher, als je zuvor bei der höchsten Springflut erlebt worden, und in einem Augenblick waren die einzigen fruchtbaren Felder der Insel mit Menschen, Häusern und allem, was sich darauf befand, ein Raub der Wellen."

Vermutlich ist der erwähnte Wind durch das Einstürzen oder das Sprengen des Gipfels entstanden, so wie auch die Flut eine Folge davon sein mochte, dass mit einem Male eine ungeheure Masse vulkanischer Stoffe ins Meer geschleudert wurde.

Der vulkanische Schutt lag zu Sangar 3 Fuß hoch, zu Bima 1 ½, zu Sumbawa 2, auf der Westseite der Insel Lombok 1 ½, auf Bali 1 Fuß, auf Banyuwangi (Ostküste von Java) 9 Zoll hoch. In Batavia war die Asche noch messerrückendick. Man kann noch gegenwärtig zu Sangar drei verschiedene Lagen der ausgeworfenen Stoffe unterscheiden. Die unterste besteht aus feiner Asche und scheint ein Teil der Auswürflinge, die vom 5. bis zum 10. April fielen. Die zweite Lage besteht aus Steinen (Lapilli), die umso größer sind, je tiefer sie liegen. Diese Steine sind vermutlich in der Nacht des 10. gefallen, nachdem kurz zuvor der Gipfel des Berges eingestürzt war. Die oberste Lage besteht aus grobem Sand, aus dem vielleicht der Regen im Verlauf der Zeit die feinsten Körner ausgespült hat. Es mag dies der Teil sein, der vom 11. bis zum 14. April ausgeworfen wurde. Die eigentliche Asche dagegen, die später aufstieg und sehr fein und leicht war, ist durch den Wind auf weitere Entfernungen getragen worden. Der Wirkungskreis des ganzen Ereignisses muss, da der Ostwind schon eingetreten war und daher die Stoffe weiter nach Westen trieb, wohl eine eiförmige Fläche bilden, deren Längenachse von OSO. nach WNW. und deren größte Breitenachse von SSW. nach NNO. gerichtet gewesen sein mag. Die vier Menschen, die sich bei Tambora auf einen Hügel gerettet hatten, und die 26, welche sich zufällig außer Landes befunden hatten, ließen sich in dem Dorfe Tompo, etwas westlich von Gempo an der Bay von Sumbawa, nieder. Sie wurden noch in demselben Jahr durch eine abermalige, heftige Bewegung der See vernichtet, welche drei hohe Wogen über das Dorf hintrieb, die Menschen und Häuser mit fortrissen und in die Tiefe begruben. Furchtbar wurde das Land durch Hungersnot und Krankheiten mitgenommen. Jene raffte auch das Vieh und Wild weg; die Menschen wanderten aus und verpfändeten oder verkauften sich selbst als Sklaven für die ersten Lebensbedürfnisse, zuweilen für wenige Pfund Reis.

Nach den Berechnungen von Heinrich Zollinger verloren die Reiche von

| | durch die Eruption | durch Hungersnot und Krankheiten | durch Auswanderung |
|---|---|---|---|
| Papekat | 2000 Seelen | — | — |
| Tambora | 6000 " | — | — |
| Sangar (1/2) | 1100 " | 3/4: 825 | 1/3: 275 |
| Dompo (1/10) | 1000 " | 4/10: 4.000 | 3/10: 3.000 |
| Sumbawa | — " | 1/3: 18.000 | 1/3: 18.000 |
| Bima | — " | 1/4: 15.000 | 1/4: 15.000 |
| Zusammen: | 10.100 | 37.825 | 36.275 |

durch den Tod 47925
durch Auswanderung 36275

zusammen: 84200 Einwohner.

Erdbeben waren in der Nacht vom ersten bis zweiten Februar zu Lissabon; die Glocken läuteten von selbst, die Balken krachten, und in vielen Häusern stürzten die Decken ein. Ein dicker Nebel bedeckte die Stadt; man sahe auch ein feuriges Meteor, welches aber bald verschwand, und eine dicke Finsterniß zurückließ. An eben dem Tage waren auch in Madrid und auf der Insel Madera Erdbeben.

Am 7ten Februar, Abends um 10 Uhr, im Canton Appenzell ein leichtes Erdbeben, mit einem krachenden Geräusch verbunden.

Seit dem Januar hatte der Vesuv bis jetzt vielen Rauch ausgeworfen.

Am 11ten Februar in Sevilla 6 Minuten lang mit einem Donner ähnlichen Getöse; ein Thor stürzte ein, und einige Häuser wurden beschädiget. Den 13ten zu Abruzzo, besonders in Chieto. Den 16ten auf den Azorischen Inseln,

In der Nacht vom ersten auf den zweiten März bemerkte man in Zwoll eine außerordentliche Wasserbewegung. Den 7ten ereignete sich bei Drontheim ein bedeutender Erdfall, wodurch der Nid-Fluß gehemmt wurde, und viel Schaden geschah; eine Kirche und 2 Bauerhöfe wurden umgestürzt, wobei 8 Menschen umkamen; an eben diesem Tage verspürte man auch an der Jütländischen und Niederländischen Küste ein Erdbeben.

Am 2ten April entstand ein solcher Erdfall bei Vasto im Neapolitanischen. Viele Gebäude und 14000 Oelbäume wurden dadurch zerstört, das Meer trat 130 Fuß über sein Ufer, und der ganzen Stadt drohete ein plötzlicher Einsturz.

Am 4ten April zu Batavia und Sumbava, auf Java und andern Orten Ostindiens, mit starkem Schwefelgeruch. Die See war sehr unruhig und der ganze Himmel verdunkelt, Vögel lagen todt auf der Erde, und eine Menge todter Fische schwamm auf dem Wasser.

Am 10ten Mai an der Insel Tremiti im Adriatischen Meere; es entstand gleich darauf ein Vulkan. Am 7ten August in Neapel. Gleich darauf fing der Vesuv an, Feuer auszuwerfen. Den 13ten in Schottland, die Glocken läuteten von selbst. Den 10ten October zu Forly im Kirchen-Staate.

Über die Witterung des Jahres 1816 (vom Prediger Karl Ludwig Gronau). Der Gesellschaft Naturforschender Freunde zu Berlin Magazin, Berlin 1818, S. 268. Auf der nächsten Seite folgt: „Die Erndte war leider! in Deutschland und mehreren Gegenden von Europa nur schlecht; nur in den nördlichen Gegenden, nur in Pohlen, Rußland und Schweden, reichlich und gesegnet. Obst und Wein ward bei uns sehr wenig gewonnen." Digitale Sammlung Blazek

Hinzu kommen noch mindestens 10 000, die in Lombok durch Hunger und Krankheit starben. Diese Angaben sind von allen die niedrigsten. Tobias sagte, es seien auf Tambora 10 000, Philipps sogar 12 000 Menschen umgekommen. Van den Broek behauptet sogar, die Bevölkerung von Lombok sei von 200 000 auf 20 000 herabgeschmolzen. „Ich habe alle Ursache zu glauben, daß meine Angaben die richtigsten seien", so Zollinger. „Was hat neben einem solchen Verlust von Menschen derjenige von Hab und Gut zu bedeuten?" Schon größer sei der am Viehstand gewesen, der bis auf ein Viertel zu Grunde gegangen sein soll. Noch trauriger sind aber die Nachteile, an denen das Land jetzt noch zu leiden hat. Ein großer Teil des zum Anbau geschickten Bodens wurde mit vulkanischen Stoffen bedeckt und für jede fernere Bebauung untauglich gemacht. Ein Teil der Wälder wurde vernichtet und die Vegetation der früheren Entwicklungskraft beraubt, sodass sie gegenwärtig während der trockenen Jahreszeit einen wahren Winterschlaf erleidet, größtenteils entblättert dasteht, bis die ersten Regen sie ins Leben rufen. Quellen versiegten, und Flüsse trockneten ganz aus oder sind doch jetzt während der trockenen Jahreszeit ohne Wasser. Die Luft ist wärmer, das Land trockener und dürrer geworden; es regnet weniger als früher – und also hat einer der mächtigsten Hebel der Fruchtbarkeit – die Feuchtigkeit der Atmosphäre und des Bodens abgenommen und viel von seiner Wirksamkeit verloren. Es können Jahrhunderte vergehen, ehe die Natur das Gleichgewicht hergestellt hat, das im Jahre 1815 durch unmessbare Gewalten gestört worden ist, ehe sie die Wunden heilt, die sie mit starker Hand ihrem eigenen Werke geschlagen. Der Schrecken über das Ereignis war unbeschreiblich. Ein tiefer, leicht erklärlicher, religiöser Eindruck drang in die Gemüter der Menschen, die darin eine Tat der strafenden Hand Gottes erblickten. Von dem Berge sprach man nur noch mit abergläubischer Scheu und erzählte sich die schrecklichsten Dinge; ja eine Besteigung sollte das Land in neues Unglück stürzen. So beugt sich überall der Mensch vor Gottes unbegreiflicher Macht; „der rohe, aller Erkenntniß baare, in Furcht und Zagen; der erleuchtete in Demuth und Vertrauen im freudigen Bewußtsein, daß auch in den gewaltigsten Krisen der leblosen Natur die ewigen Gesetze der Ordnung und Gerechtigkeit sich offenbaren".

Der majestätische, 692 Meter hohe **Usu** oder Usudake im Südteil der japanischen Nordinsel Hokkaido hatte im Zeitraum 12. März bis September **1822** eine bedeutende Ausbruchsphase. Beim Ausbruch im Mai 1822 wurde das sechs Kilometer entfernte alte Dorf Abuta zerstört. Dabei starben 50 Menschen, 53 wurden verletzt.

Die vulkanische Tätigkeit begann beim Usu als Folge des Caldera-Einbruchs (zusammen mit der Entstehung des Toya-Nakajima im Zentrum des Caldera-Sees) gegen Ende des Pleistozäns. Sie dauert bis heute an. Bekannte Eruptionen fanden entsprechend den historischen Aufzeichnungen zunächst in den Jahren 1663 (Kanbun Aera), 1768 (Meiwa Aera), 1822 (Bunsei Aera), 1853 (Kaei Aera) und 1910 (Meiji-Aera) statt, meist mit Schlammströmen verbunden.[53]

Bei zwei Ausbrüchen des 2168 Meter hohen **Galunggung** auf der Insel Java, Indonesien, innerhalb von vier Tagen im Zeitraum 8. Oktober bis 1. Dezember **1822** starben insgesamt über 4011 Menschen. Im Umkreis von 65 Kilometern gingen Schlammmassen, Asche und Gestein auf die Dörfer nieder. 88 Dörfer wurden vernichtet.

Der Geheimrat und Professor der Mineralogie an der Universität zu Heidelberg der W. W. Dr. Karl Cäsar Ritter von Leonhard (1779-1862) berichtet darüber 1828 in der von ihm herausgegebenen „Zeitschrift für Mineralogie":[54]

„Aber nicht nur der *Kawa Karaha* wirft solche schwarze und schlammige Massen aus, sondern auch andere Berge, unter diesen vorzüglich der *Galung Gung,* welcher im Jahre 1822 einen heftigen Ausbruch hatte, so, daß Tausende von Menschen ihr Leben dabei verloren. Da dieser nirgends beschrieben und wenig bekannt ist, so sollen hier die näheren Umstände angeführt werden, geschöpft aus einem Briefe des Mahlers PAYEN im *Batavia* an REINWARDT, welcher schon früher den lezteren (sic!) bei seinen Wanderungen auf *Java* begleitet hatte. Der Berg *Galung Gung* liegt in dem südlichen Theile der Gegend, wo die Javaner herrschen, und gehört zu der Berg-Kette, die an der Südseite des Berges *Tjikurai* anfängt, und die natürliche Grenze zwischen den Landschaften *Limban-yan* und *Sumadang* bildet. Ein tiefes Thal beginnt an dem Fuße dieses Berges, zieht sich nach dem südwestlichen Theile der Insel, und endet an den Ufern der Flüsse *Titanday* und *Tjiwulan.* Viele Bäche, die von den Bergen herabkommen, fallen in dieses Thal, und ergießen sich in die genannten Flüsse; und das ganze Land zwischen diesen und dem *Galung Gung* war sehr fruchtbar und zahlreich bevölkert. Die glücklichen Bewohner wußten nicht, daß der Berg jemals einen Ausbruch gehabt hatte. Auf dem Berge und im Thale fanden sich jedoch Felsen und Steine, die von dem Gegentheile zeugten. Im Juni 1822 trübte sich plözlich (sic!) das Wasser des Flusses *Tjikunir,* der in drei Ärmen in das Thal sich ergießt, bedeutend; weiße Asche schwemmte an, Schwefel-Gerüche dünsteten aus, und das Wasser wurde bitter und warm. Einige Tage nachher bekam der Fluß zwar seine frühere Klarheit wieder, das Wasser roch jedoch noch sehr nach Schwefel, und da die Javaner dieses einzige Zeichen eines künftigen Ausbruches nicht beachteten, ergriffen sie auch keine Maßregeln zu ihrer Sicherheit. Aber am 8. Oktober fing, bei ganz heiterem Himmel, während die ruhigen Einwohner von dem künftigen Unglücke nichts ahneten, der Ausbruch des *Galung Gung,* und zwar mit solcher Heftigkeit an, wie man noch kein Beispiel bei einem andern Berge früher hatte. In der ersten Stunde nach Mittag begannen unterirdische Donner, dichter Rauch wurde ausgestoßen, und bald verbreitete sich über dem Berge starker Nebel, schwarze Finsterniß hüllte das Thal in Dunkel, die Erde erbebte, der Himmel glühte. Nun stieß plözlich (sic!) der Berg heißes Wasser und Massen von Schlamm und brennendem Schwefel aus; reißend ergossen sich diese Fluthen über das Land, mehr als zehn Meilen weit von dem Berge. Die Flüsse, in welche sie fielen, wurden erhizt (sic!), so, daß sie, über ihre Ufer tretend, Alles verbrannten, und viele Menschen, denen jede Flucht gehemmt war, ertranken so auf die kläglichste Art. Die Flüsse *Tjilone, Tjiwulan* und *Tjikunir* führten in ihren Fluthen eine Menge Leichname von Menschen und Thieren. Die Gebäude in ihren Grundfesten erschüttert, wankten, stürzten zusammen und verschütteten durch ihren Fall viele Bewohner. Unterdessen fuhren aus den Wolken, welche den Himmel und den Berg bedeckten, die schrecklichsten Blizze (sic!), von denen getroffen, einige Menschen das Leben verloren, andere verwundet wurden. Der furchtbarste Ausbruch aber war um drei Uhr. Von allen Seiten fiel ein Regen von Schlamm, Asche und Steinen, von der Größe einer

Nuß, herab, in der Nähe des Berges aber harter, rother Sand. Die Bäume, Saaten und Wiesen wurden weit und breit herum verbrannt. Um vier Uhr ließ der Ausbruch in seiner Heftigkeit etwas nach, um fünf Uhr hörte er ganz auf. Jezt (sic!) herrschte die größte Stille, und gleichsam erschöpft lag die Erde da. Der Himmel wurde heiter, und bei der rückkehrenden Helle konnte man den Berg und das Thal wieder übersehen; aber die Wälder in beiden waren eingeäschert, das Grün und die Früchte der Gärten und Felder vom Feuer verzehrt, und die Gefilde und Dörfer verbrannt; kein Gebäude war mehr sichtbar, Alles mit blaulichem Schlamm überschüttet und bedeckt mit den Stümpfen der, aus den Wurzeln gerissenen, Bäume, mit verbrannten Leichnamen, todten zahmen und wilden Landthieren und Vögeln. Nur wenige Dörfer, die dem brennenden Berge näher lagen, waren allein durch die Gewalt, mit welcher Alles in die Ferne geschleudert wurde, von dem Einsturze und dem Untergange gerettet worden.

Das Getöse, welches bei diesem Ausbruche Statt fand, wurde am 8. Oktober auf ganz *Java* gehört, und die Javaner glaubten der *Gunung Guntur* habe eine Erupzion. Den folgenden Tag fiel Asche in Bandong nieder, und die Felder der Gegend von *Limbangan* wurden mit Schlamm bedeckt. Die Einwohner vom *Bandong* waren ungewiß, welcher Berg eigentlich gewüthet habe, da sie hörten, daß Leichname von Menschen, Rhinozerossen, Hirschen und anderen Thieren durch die Fluthen des *Tjiwulan* dem Meere zugeführt würden. Bald aber bekam man Gewißheit darüber; und PAYEN beschloß in die Nähe des Berges zu gehen. Die Gegenden, durch welche er kam, fand er verwüstet, und immer weniger Asche, je mehr er sich dem Berge näherte; die Brücken der Flüsse *Tjikuntan* und *Tjimera* waren zerstört, und sie selbst durch anhaltenden Regen aus ihren Ufern getreten.

Den 12. Oktober, um 7 Uhr Abends, wurden die Einwohner der benachbarten Gegenden durch einen wiederholten Ausbruch, und ein sehr heftiges Erdbeben von Neuem erschreckt. Die ganze Nacht hindurch hörte man das Gebrause und das Geräusch der sich herabstürzenden Wasserströme. Den folgenden Tag konnte man den Berg nicht sehen, doch stieß er immer noch heißes Wasser und Schlamm aus. Ströme von Wasser, Schlamm und Erde, die Felsen und Bäume mit sich fortführten, stürzten gegen die Hügel, welche sich im Thale erheben, und auf denen die Javaner ihre Todten begruben, überstiegen endlich dieselben, und rissen Viele, die, bei den Grabmählern ihrer Väter, der Gefahr des Ausbruches und der Überschwemmung zu entgehen gehofft hatten, mit sich weg und versenkten sie in die Tiefe. Wenige, welche davon kamen, werden aus dem Schlamm unter den Bäumen und Felsen, kaum noch lebend und schrecklich verbrannt, hervorgezogen. In dieser Nacht allein kamen in der Gegend von *Singaparna* 2000 Menschen ums Leben. Der Lauf der Flüsse *Tjibaujarang* und *Tjiwulan* wurde durch diesen zweiten Ausbruch verändert, und im Thale waren neue Hügel entstanden, so, daß selbst die Bewohner, welche sich durch die Flucht gerettet hatten, nicht mehr mit Gewißheit anzugeben wußten, wo mehrere Dörfer gestanden hatten. Große Basalt-Blöcke wurden 6 bis 7000 Schritte von dem Berge weggerissen, und nur wenige Stümpfe waren übrig geblieben von den alten und dichten Wäldern auf dem Berge und in der umliegenden Gegend, und diese nur verbrannt und der Rinde beraubt. Im November konnte noch Niemand dem *Galung Gung* sich nähern; der Weg dahin war mit Schlamm, Asche und Basalt-Felsen bedeckt, und voller Risse und Spalten. Am 12. November rauchte er noch und heiße Dämpfe entstiegen ihm. (…)"

Durch besonders häufige Tätigkeit und schwere Verwüstungen ist der 2914 Meter hohe **Gunung Merapi** in Mitteljava berüchtigt. Er ist einer der aktivsten Vulkane Indonesiens und gilt zudem als einer der gefährlichsten Vulkane der Welt. Liest man die Chronik seiner Ausbrüche, stößt man auf eine schlimme Bilanz: 1822: 8 Dörfer vernichtet, 20 Tote, 1832: eine Siedlung zerstört, 32 Tote, 1846: 846 Häuser zerstört, durch starken Aschenfall über eine halbe Million Kaffeesträucher vernichtet, April 1872: heftige fünftägige Explosivtätigkeit: 200 Tote, 1904: 12 Personen getötet, 1930: 42 Dörfer vernichtet, 1369 Tote, 1954: 6 Siedlungen zerstört, 64 Tote, 1961: 10 Dörfer vernichtet, 6 Tote, 1969: eine Siedlung zerstört, 3 Tote.[55]

Seine explosiven Ausbrüche in den Jahren **1822,** 1832, 1872 forderten die Menschenleben jeweils zu Ausbruchsbeginn. Glühende Steintrümmer forderten beim Ausbruch des Schichtvulkans von 1822 insgesamt 20 und beim Ausbruch von 1832 32 Todesopfer.[56]

Der Geheimrat und Professor an der Universität zu Heidelberg Karl Cäsar Ritter von Leonhard (1779-1862) schreibt 1831 in seinem Lehrbuch für öffentliche Vorträge „Grundzüge der Geologie und Geognosie":[57]

„III. Sunda-Inseln. *Wawani* auf *Amboina*; Eruptionen in den Jahren 1674, 1694, 1816, 1820 und 1824. – *Gonung-Api* auf *Bauda*; häufige Ausbrüche im XVI. und XVII. Jahrhundert; sodann 1765, 1775, 1778 und 1820. – *Tomboro* auf *Sumbava*, bekannt durch die große Eruption von 1815. – Auf *Java* bricht die vulkanische Thätigkeit oft aus neuen Bergen hervor. Lezte (sic!) Eruption des *Taschem* im Jahre 1796. Ausbruch des *Merapi* in den Jahren 1701 und 1822. *Tankuban-prahu* mit sehr großem Krater. Ausbruch des *Galung Gung* im J. 1822. *Guntur* von 1800 bis 1807 fast ohne Unterbrechung thätig. – *Gunung Dempo* auf *Sumatra* raucht stets u. s. w. Auch in dieser Gegend denkwürdige vulkanische Hebungen in neuester Zeit."

Der Merapi hatte 1822 gleich zwei bedeutende Ausbrüche. Zunächst brach er am 23. Juli 1822, morgens um sechs Uhr, aus. Der zweite Ausbruch, vom 27. Dezember, war ungleich folgenschwerer. Der als „Humboldt von Java" bekannte Naturforscher, Forschungsreisende und Mediziner Franz Junghuhn (1809-1864), der in zahlreichen Expeditionen die Botanik und Geologie der Inseln Java und Sumatra erforscht hat, berichtet 1854:[58]

*„ 1822, vom 27. bis 31. December. Schon am 27. December des Abends um 9 Uhr wurde in Kadu ein Erdbeben gefühlt, das, wie gesagt wird, von Osten nach Westen lief, und sich nachher 18 Mal innerhalb 30 Stunden wiederholte. Am Abend des 28sten waren die Stöße am heftigsten, die Erde wogte auf und ab, und nun fing auch der G.-Mërapi an auszubrechen, Asche und mit Gekrach glühende Steintrümmer auszuschleudern, wovon die kleinern weit abflogen und als ein dichter Regen von Sand und Gereibsel auf die Felder niederfielen, während sich*

*die obere Hälfte des Berges mit Feuerströmen überzog. Das letztere geschah in der Nacht vom 29. bis 30. Decbr. um 1½ Uhr. Die Asche flog bis zum G.- Sumbing, 26 Minuten weit und bedeckte die Dächer von Magëlang und Jogjakërta hellgrau, wie mit frischgefallnem Schnee. — Acht Dörfer auf der Westseite des Berges wurden vernichtet, wovon vier durch die glühenden Trümmer in Brand gesteckt, abbrannten, und vier durch die Massen von Sand und Steintrümmern überschüttet wurden, doch nur 20 Menschen um's Leben kamen. — Gleichzeitig warf der 155 geographische Minuten entfernte G.-Bromo in Ostjava aus, regnete Asche und ließ oftmals ein unterirdisches Getöse hören, — während noch nicht zwei Monate verflossen waren, seitdem der G.- Gëlungung (8. bis 12. Oct. 1822) in Westjava große Verheerungen angerichtet hatte.*

*Der Nachtheil, den man für die Pflanzungen von der gefallenen Asche zu fürchten hatte, wurde zum größten Theil abgewendet, indem noch zeitig genug reichliche und anhaltende Regen eintraten, die, während der Berg noch fortwährend dicke Rauchwolken ausstieß, vom 2. Januar 1823 an in den Residenzen Solo, Jogjakërta und Kadu herabströmten und die Asche von den Blättern hinwegspülten.*

*Den 3. und 4. Januar fanden zu Solo noch starke Erdbeben Statt, und eine ansehnliche Menge von Sand und Asche wurde immer noch vom Krater ausgespien, der aber doch am 5ten so weit ruhiger wurde, daß es die geflüchteten Bewohner seiner Abhänge nunmehr wagten, in ihre Dörfer zurückzukehren."*

Gleichzeitig mit dem Gunung Merapi, nämlich vom 27. bis 31. Dezember 1822 (und bis ins Jahr 1823 hinein), wütete nach Junghuhns Darstellungen im Tengger-Gebirge in Ost-Java der 2329 Meter hohe Stratovulkan Bromo (benannt nach dem Hindugott Brahma), der zuletzt im September 1804 einen schweren Ausbruch gehabt hatte.[59]

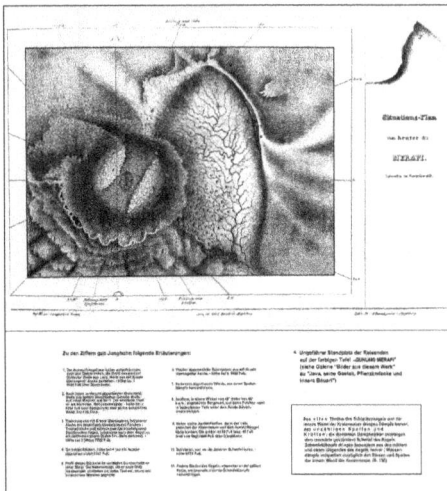

„Situations-Plan vom Krater des Merapi" vom November 1836, aus Friedrich Junghuhns erster Buchveröffentlichung, „Topographische und naturwissenschaftliche Reisen durch Java", herausgegeben von C. G. Nees von Esenbeck, Magdeburg 1845. Wikipedia/gemeinfrei

Am 25. Dezember 1832 ereignete sich bereits ein weiterer katastrophaler Ausbruch des **Gunung Merapi**. Er forderte 32 Todesopfer. Noch Jahre nach dieser Eruption kullerten glühende Lavabrocken die Hänge herunter. In der „Chronik der Erdbeben und Vulcan-Ausbrüche" von Karl Ernst Adolf von Hoff (1771-1837), Begründer des Aktualismus in der Geologie:[60] „1832, December 25, um Mitternacht, auf Java ein furchtbarer Ausbruch des Vulcans Melopil (Merapi?), - durch welchen das am Abhange des Berges gelegene Dorf Gomen Subrung gänzlich zerstört wurde. Zwanzig Menschen verloren das Leben. Der Ausbruch war von einem Aschenregen begleitet, der das Land auf einen weiten Umkreis mit einem weißlichen Schlamme bedeckte."

Der **Kaba** (malaiisch: Gunung Kaba), ein Zwillingsvulkan im Hitam-Gebirge auf der indonesischen Insel Sumatra, hatte am 24. und 25. November **1833** einen verheerenden Ausbruch, der große Verwüstungen nach sich zog und 126 Todesopfer forderte.

„Das Ausland. Ein Tagblatt für Kunde des geistigen und sittlichen Lebens der Völker" war zeitlich nahe dran am Geschehen, als es darüber in seiner Ausgabe vom 18. August 1834 berichtete: „Das Erdbeben, welches in der Nacht vom 24. auf den 25. November 1833 in Java und andern Orten, besonders aber in Sumatra mit Heftigkeit gefühlt ward, soll nach ältern Nachrichten von einem Ausbruche des Vulkans Boekit Kaba, in den Distrikten Palembang, Sindang Klingte und Sindang Bltetie herrühren. Außer den Verheerungen, welche die heftigen Stöße des Erdbebens anrichteten, veranlaßte diese fürchterliche Naturerscheinung eine Überschwemmung, deren Wirkungen die traurigsten Folgen hatten. (…)" (Bild rechts)

In der „Zeitschrift für Allgemeine Erdkunde" verlautet 1854, dass bei dem Ausbruch des Kaba im November 1833 ein zwischen seinen Gipfeln befindlicher See (früher ein Krater) zerstört und dadurch eine verheerende Überschwemmung des Flusses Musi in Süd-Sumatra bewirkt worden sei.[61]

Der Berg Lubu-Rādja vom Flussthal des Batang-torro gesehen. (Seite 16.)

Der von Franz Wilhelm Junghuhn am 3. bis 6. November 1840 erstiegene 1886 Meter hohe erloschene Vulkan „Lubu Radja" in den Batha-Ländern auf Sumatra. Entnommen aus: Der Malayische Archipel von Hermann von Rosenberg (Leipzig 1878). Digitale Sammlung Blazek

Der 1731 Meter hohe **Kelut** auf der Insel Java ist für heftige, explosive Ausbrüche bekannt und gilt dabei als einer der gefährlichsten Vulkane Javas. Er hatte am 16. und 17. Mai **1848** einen heftigen Ausbruch, der 21 Todesopfer forderte. Dazu schreibt Franz Junghuhn (1854):[62]

*„1848, am 16. Mai, war es, Abends zwischen 7 und 9 Uhr, als der G.-Kĕlut mit unerhörter Wuth von Neuem ausbrach.*

*Die Quellen, nach denen ich die nachstehende Beschreibung des Ausbruchs entwarf, waren eine Anzahl von 15 verschiedenen officiellen Berichten der Residenten von Surabaja, Pasuruan, Bĕsuki, Bagĕlèn, Kadu, Jogjakĕrta, Madiun, Patjitan, Kĕdiri und Borneo's Süd- und Ostküste, welche mir bei Zuschriften des „allgemeinen Secretaris" d. d. Buitenzorg, den 6. Juli 1848, die Indische Regierung zur Benutzung mittheilte, und ferner der „Java'sche Courant" vom 31. Mai 1848 Nr. 44, vom 7. Juni Nr. 46, vom 1. Juli Nr. 53 und vom 6. September Nr. 72.*

*Die Eruption, welche nach der Versicherung der Eingebornen heftiger war, als irgend ein früherer Ausbruch aus diesem Berge, war, von einem unterirdischen Donner begleitet, so entsetzlich, daß nicht nur auf Java, sondern in einem großen Theile des indischen Archipels an 13, 15, 21¼ 29, 32, 34½, 85, ja 117 geogr. Meilen entfernten Orten ein Getöse gehört wurde, das man überall für Kanonendonner aus dem schwersten Kaliber hielt. Dies war namentlich der Fall in*

71

*Madiun, Patjitan, Běsuki, Jogjakěrta, Magělang, Purworědjo, Bandjěr masin und Makasar, welche Orte in den genannten Abständen vom Vulkane liegen.*

*In der ganzen Residenz Madiun hörte man diesen ‚schweren Kanonendonner' des Abends von 8 bis 11 Uhr, in Zwischenzeiten von ohngefähr 10 Minuten; in Patjitan (9 Uhr) hielt man ihn für Nothschüsse aus der See; in Běsuki (9 Uhr) vernahm man 25 solcher Schläge oder Schüsse; diese waren aber so stark, daß die Lampenglocken brachen und selbst die Hängelampen aus ihren Haken gelichtet wurden. Es wird gesagt, daß dies ‚bloß durch den Druck der Luft' geschehen sei und daß man kein eigentliches Erdbeben gefühlt habe ... "*

Der heftige Ausbruch selbst habe sich nach Junghuhns Ausführungen im Zeitraum 19 bis 21 Uhr ereignet. „Man vernahm zuerst des Abends um 7 Uhr ein unterirdisches Gedonner und erblickte gleich darauf eine ungeheure Feuermasse, die aus dem G.-Kelut emporstieg und aus glühenden Stoffen, nämlich aus Asche, Sand und Steinen, bestand und dabei alle Wälder des Gebirges verbrannte und verwüstete, auf welche sie herabfiel." Und weiter: „Aschenregen hat man nur den folgenden Tag, den 17ten, des Vormittags an zwei Orten, 12 und 15 geogr. Meilen weit vom Vulkane wahrgenommen. In der Abtheilung Ponorogo, von Madiun, nämlich fiel eine dünne Aschenschicht, und zu Patjitan hielt von Morgens früh bis gegen Mittag ein Aschenregen an, welcher der Luft ein nebliges Ansehen gab und die ganze Landschaft mit einer grauen Schminke überzog. Seit 20 Jahren hatte man daselbst eine solche Erscheinung nicht beobachtet. Die Asche wurde also nach Westen getrieben."

Zu den Opfern schreibt Junghuhn: „In der Abtheilung Paré (Distrikt Srěngat u. s. w.), westsüdwestwärts vom Vulkane, sind durch die Wasserfluthen 3 Dörfer mit 45 Häusern vernichtet, 10 Büffel, 3 Pferde, 23 Schaafe sind ertrunken und 10000 Kaffeebäume nebst 30 Bau's Sawah sind zerstört. In den entferntem Regentschaften Ngrowo, Trěngalek und Běrběk ist kein Schaden gelitten. Nur zwei mit Kaffee beladene Fahrzeuge (Prauen), die im Flusse lagen, wurden durch die Unmasse der antreibenden Baumstämme zertrümmert.

In der Abtheilung Kědiri, west- und nordwestwärts vom Berge sind 6 Dörfer weggespült und 11 Menschen ertrunken.

In den Tagen nach beendigtem Ausbruch war fast die ganze Bevölkerung der drei Abtheilungen, die am meisten gelitten haben, Blitar, Paré und Kědiri, auf den Beinen, um die Kaffeegärten, Wege und Brücken wieder herzustellen."[63]

Kaum dokumentiert ist ein bedeutender Ausbruch des **Mayon** auf der philippinischen Insel Luzon im Jahr 1853. Der heftigen Eruption am Nachmittag des 13. Juli **1853** gingen laute unterirdische Geräusche ohne lokale Erdbeben voraus, gefolgt von der plötzlichen Emission von Gas und Asche und glühenden Materialien. Am Ende war es eine Eruption von sehr kurzer Dauer. Während drei oder vier Stunden spuckte der Krater Rauch, Asche und schwere Steine aus, die, die Berghänge herunterrollend, viele Häuser zerstörten und 33 Menschen töteten. Die Ausbruchsphase endete am 26. August 1853.[64]

Farblithographie des Gunung Merapi, 1853-54, aus: Atlas van platen bevattende elf pittoreske gezigten, behoorende tot het werk Java, zijne gedaante, zijne plantentooi en inwendige bouw von Franz Junghuhn, bei C. W. Mieling, 1854. Wikipedia/gemeinfrei

Vom 2. bis 17. März **1856** hatte der **Gunung Awu** auf den Sangihe-Inseln in Nord-Indonesien einen bedeutenden Ausbruch, dem nach offiziellen Angaben 2806 Menschen zum Opfer fielen. Ausführlich berichtete im gleichen Jahr das „Ergänzungs-Conservationslexicon". Da heißt es einleitend:[65]

„(…) Um so unbekannter ist der Feuerberg, der uns jetzt beschäftigen wird. Selbst seine Heimath gehört zu den unvollständig bekannten Gebieten der Erde. In dem neuesten und besten englischen geographischen Lexikon wird über sie gesagt: ‚Sangir oder Sanguir, eine Insel des indischen Archipels, im Meere von Celebes, liegt unter 3° 28' nördlicher Breite und 125° 44' östlicher Länge von Greenwich, ist etwa dreißig (englische) Meilen lang und zehn Meilen breit. In den südlichen Theilen ist die Insel von mäßiger Höhe, aber im Norden, wo der rauchende Vulkan Aboe (Awu) liegt, gebirgig. An der östlichen Seite soll es einen Hafen geben, den mehrere anstoßende Inseln bilden, von denen einige in beträchtlicher Entfernung liegen; an den südlichen Theil grenzen andere Inseln an. In die Westseite schneiden verschiedene kleine Buchten ein, vor denen man eine Viertel bis halbe Stunde von der Küste entfernt eine Tiefe von 40 bis 60 Faden findet. Es giebt hier Hühner, Früchte und Gemüse in Überfluß, und man kann sie ohne Schwierigkeit gegen Taschentücher, Messer u. a. m. eintauschen. Die Bevölkerung beträgt 12.000 Köpfe. Sangir ist von etwa 46 kleinen Inseln umgeben, den sogenannten Sangir-Inseln, unter denen einige unbewohnt sind.'

Am 2. März 1856 hörte man in der ganzen Molukkensee ein Donnern, das von einem vulkanischen Ausbruch herrühren konnte. Am 7. März empfand man zu Ternate (Molukken) ein leichtes Erdbeben, das mit jenem Donnern in Verbindung gebracht wurde. An den Awu dachte Niemand, da man seit dem Jahre 1711 von keinem großen Ausbruch desselben wußte. Dieser Awu bedeckt den nordwestlichen Theil der Hauptinsel der Sangir-Gruppe, die man deshalb Groß-Sangir oder Sangir schlechthin nennt, und hat mehrere Kuppen, deren höchste 4000 Fuß über dem Meeresspiegel liegt. An der Westseite läuft der Berg sehr steil in das Meer hinaus, fällt aber auf der Höhe des Dorfes Kandhar zu einem niedrigen Vorgebirge ab. An der nördlichen und südlichen Seite besteht der niedrige Theil des Berges in der Nähe des Meeres aus einer beträchtlichen Strecke ebenen Bodens mit sanften Abdachungen, wo das fruchtbarste Erdreich der ganzen Insel ist. Gegen Osten schließt er sich gleichsam als Ursprung an die Kette von Bergen und Hügeln, welche sich über Großsangir hinzieht. Diese Bodenstrecke gehört zu den Bezirken Taruna, Kandhar und Tabukan.

In den ersten Monaten des Jahres 1856 erfolgten einige leichte Erdstöße, auf die Niemand achtete, da sie auf diesen Inseln sehr häufige Vorkommnisse sind. Spuren, welche auf einen nahen Ausbruch des Vulkans deuteten, hatte man nicht bemerkt. Überdies glaubten die Einwohner in dieser Beziehung ganz sicher zu sein, denn sie meinten in ihrem Aberglauben, daß ein Spanier, der vor einigen Jahren auf den Berg gestiegen war, den Feuerheerd ganz ausgelöscht habe. So lebten sie denn in der größten Ruhe und hatten ihre Reisfelder, die an den Abhängen des Berges in der Nähe ihrer Dörfer liegen, wie gewöhnlich bestellt. Da erfolgte ein Ausbruch von schauderhaftester Natur, den ein unermeßlicher Verlust an Menschenleben und an Eigenthum begleitete. Auf die Kunde des Ereignisses eilte der holländische Resident von Menado (Molukken) an Bord des Kriegsdampfers Samarang nach Großsangir und erreichte die Bucht von Taruna, wo er mit den Radschas und Häuptlingen des Bezirks, den der Ausbruch zu Grunde gerichtet hat, zusammentraf. Die folgende Schilderung enthält seinen Bericht – wir citiren nach der Übersetzung der „Allgemeinen Zeitung" – über das, was er von den Eingeborenen hörte.

Es war am 2. März 1856 Abends zwischen 7 und 8 Uhr, als plötzlich ein knarrender schrecklicher Laut erscholl, ein Laut, den kein Mund und keine Feder beschreiben kann, und der die Sangirenser mit Entsetzen erfüllte. Es war der Awu-Krater, der seine Grauensstimme erhob, und gleichzeitig strömte und wogte mit unwiderstehlicher Gewalt die Lavagluth in verschiedenen Richtungen herab, alles mit sich fortreißend und zerstörend, was auf ihrem Vernichtungspfade ihr entgegentrat. Der Ozean begann zu zischen und zu sieden, wo sie sich hineinstürzte. Die heißen Quellen sprangen auf und stießen eine Sündfluth von kochendem Wasser aus, welches vernichtete und fortriß, was das Feuer verschonte. Und die mächtige See, gehorsam einem ungewöhnlichen Impuls, peitschte die Klippen mit entsetzlichem Brausen, fiel schwer auf den bebenden Strand und wälzte sich in wildester Hast hoch schwellend gegen das Land, als strebte sie den Feuerstrom zu übermeistern. Denn es wehte ein Orkan zur selbigen Zeit, als das Feuerspeien der Erde begann, und nach einer Stunde folgten Donnerschläge, welche die Insel erschütterten und das Menschenohr betäubten, und flammende und flackernde Blitze, deren Leuchten das Grauen der ringsum herrschenden Finsterniß doppelt vermehrte. Und in dieses fürchterliche, wohl nie erlebte Konzert, welches der heulende und knatternde Krater mit dem brausenden Sturm und Ozean und der Stimme des Donners bildete, mischten sich die Noth- und Angstschreie von Menschen und Thieren und das Prasseln von Tausenden von Bäumen, die aus der Erde gerissen und fortgewälzt wurden. Dann schoß aus dem Schlund des Berges eine schwarze Wirbelsäule von Steinen und Asche zu einer unermeßlichen Höhe empor, fiel, von dem Lavaschimmer beleuchtet, wie ein Feuerschauer auf das umliegende Land unten, und verursachte eine Dunkelheit, die, nur dann und wann ein Weilchen von den Blitzflammen unterbrochen, so dick und schwarz war, daß man keine Hand vor den Augen sehen konnte, was die Bestürzung und Verzweiflung der Bewohner vollendete. Ungeheure Steine wurden durch die Luft geschleudert, welche alles, worauf sie fielen, zerschmetterten. Häuser und Saatfelder, welche das Feuer nicht verheert hatte, versanken und verschwanden unter Aschen- und Steinmassen, und die Bergströme, gehemmt von diesen Barrieren, bildeten Seen, welche über ihre Ufer brechend bald neue Ursprünge der Vernichtung wurden. Dies dauerte einige Stunden lang. Um Mitternacht kamen die tobenden Elemente einstweilen zur Ruhe, aber am folgenden Tage um Mittag begannen sie ihr Zerstörungswerk mit erneuter Gewalt. In der Zwischenzeit dauerte der Aschenfall ohne Unterbrechung fort, und war an dem Tage so dick, daß die Sonnenstrahlen nicht hindurchdringen konnten, und eine schreckliche Finsterniß herrschte. Der schwere aus Südosten wehende Orkan jagte die Asche und Steine sogar bis nach Magindano. Nachdem sie kaum von ihrem Schrecken sich erholten, mußten die Bewohner dieses verödeten Theils von Sangir wieder am 17. März eine Eruption erfahren, welche viele Felder und eine große Menge Bäume an der Tabukanseite verheerte. Seitdem ist der Vulkan ruhig gewesen, und das einzige Symptom seines Wirkens ist der in allen Richtungen aus Rissen und Klüften im Erdboden aufsteigende Rauch. Die Lavaströme an den Abhängen sind noch immer so wenig abgekühlt, daß man sich nicht sehr weit von der Küste wagen darf. Nach Aussage der Eingeborenen scheint der Gipfel des Berges keine merkliche Veränderung erlitten zu haben. Der Hauptdistrikt Taruna hat blos von den Aschen- und Steinmassen gelitten, welche die Häuser beschädigt und den Bewohnern leichte Verwundungen verursacht. Zwischen Taruna und dem Distrikt Kandhar bildet der Fuß des Awu einen allmälig sich neigenden Grund von beträchtlicher Ausdehnung, der früher auf dem tieferen Theil mit Kokos-, Pisang- und Kaffeebäumen sowohl, als mit Reis-, Milu-, Patatas- und andern Pflanzungen bedeckt war, während die steilern Hänge dichte Waldung von werthvollen Bauholzgattungen kleidete. Eine beträchtliche Bevölkerung, umher verstreut in Häusern, in den Gärten, in kleinen Hütten an der Küste und in dem großen Dorfe Kolongan, bewohnte diesen angenehmen und fruchtbaren Bezirk, der jetzt in eine Wüste verwandelt liegt. Der ganze Distrikt ist mit Asche, Steinen und Lava bedeckt. Tiefe Risse und Öffnungen, und Tausende von entwurzelten und gerösteten Bäumen, zeugen von der unbeschreiblichen Gewalt, womit die zerstörenden Kräfte gewirkt haben. Der Distrikt Kolongan, durch den ein breiter Lavastrom seinen Weg nach der See bahnte, liegt in Asche und Steinen begraben, und ist völlig vernichtet. Das von dem Fuße des Vulkans durch ein niedriges Vorgebirge getrennte Dorf Kandhar verdankte diesem Umstande seine Rettung, doch ist der Schaden bedeutend, den Asche und Steine und besonders das heiße Wasser angerichtet, das von allen Seiten herablief. Ein großer Theil der Bevölkerung war erst vor einigen Tagen mit ihrer werthvollsten Habe nach den über die Bergwand hin verstreuten Gartenhäusern gezogen, aus Furcht vor den Piraten; und diese alle mit ihren Häusern und Plantagen gingen in Lava unter. An der andern Seite von Kandhar, auf der äußersten Nordspitze der Insel, ist der Anblick der Verwüstung wo möglich noch schrecklicher als zu Taruna. Denn hier, wo früher weite Felder mit Ernten aller Art und dichtgepflanzte, endlose Kokoshaine prangten, findet man jetzt nichts als Lava, Steine und Asche. Der Feuerfluß scheint an diesem Punkte mit unwiderstehlicher Macht und in erstaunlichen Massen vom Gebirge geflossen zu sein. Nicht allein hatte diese fürchterliche Fluth den ganzen Distrikt und alles, was darauf war, begraben, sondern sie war, nachdem sie die Zerstörung auf eine Strecke von mehreren Meilen geschaffen, noch mächtig genug, den Strand zu erreichen und zwei lange Tanjongs (Capen) an Stellen zu bilden, wo die Wassertiefe vorher viele Faden betrug. Eine Anzahl anderer Distrikte und Orte sind von dem vulkanischen Feuer ganz zerstört, andere beschädigt worden. Man schätzt die Zahl der bei diesem Vulkanausbruch Umgekommenen auf 4000. Mit dieser malerischen, aber unwissenschaftlichen Darstellung müssen wir uns begnügen. Wir sehen aus ihr wenigstens so viel, daß der Ausbruch des Awu zu den gewaltigsten zählt, die wir von Feuerbergen kennen. Wie furchtbar müssen die fallenden Aschen- und Steinmassen gewesen sein, da sie Flüsse aufzustauen vermochten – wenn diese Wirkung nicht etwa durch Bergstürze und Erdrutsche erzeugt worden ist. Bei dem Streit, der über den Zusammenhang der Erdbeben mit atmosphärischen Erscheinungen herrscht, wäre es von besonderm Werth, genau zu wissen, ob der Orkan, von dem der Bericht erzählt, beim Beginn des Ausbruchs bereits wüthete, oder ob er sich, wie eine Stelle andeutet, erst eine Stunde später erhob. Die Donner und die flammenden und flackernden Blitze, von denen in jener Stelle die Rede ist, könnten auch elektrische Begleiter des Ausbruchs sein."

Weitere Ausbrüche des Gunung Awu ereigneten sich im August 1875, im August 1883, im August 1885, 1893, am 14. März 1913, 1921, 1922, von Dezember 1930 bis Dezember 1931 (Ausstoß von drei Millionen Kubikmetern Lava), im April 1992 und letztmalig im Juni 2004.[66] Konkret äußert sich das „Evangelische Missions-Magazin" (1897):[67] „Auch Groß-Sangi hat seinen Vulkan, den Gunung Awu, auf der nördlichen Spitze der Insel, welcher 1711, 1812, 1856, 1875 und zuletzt 1892 schreckliche Verwüstungen angerichtet hat. Über den Ausbruch von 1711 meldet ein Bericht, daß er einigen tausend Menschen das Leben gekostet, und 1856, wo der Berg fast bis zur Krateröffnung bebaut war, kamen 2806 Menschen um. Über den letzten Ausbruch aber lesen wir im Geill. Zendbl. 1892 S. 82: „Am 7. Juni 1892 abends um 6 Uhr fand ein schrecklicher Ausbruch des im Norden von Groß-Sangi gelegenen Vulkans Gunung Awu statt, der bis Mitternacht anhielt. Keine vorausgehenden Erscheinungen ließen das nahende Unheil vermuten. Plötzlich erhob sich eine riesige Wolkensäule, begleitet von Blitzen und donnerndem Getöse aus dem Krater. Erd- und Seebeben wurde nicht bemerkt. Eine dichte Finsternis folgte zugleich mit einem Regen von Asche, Bimstein (sic!) und Schlamm. Der Umkreis, in welchem die glühenden Steine niederfielen, wurde immer größer. Die Bestürzung, die unter der Bevölkerung herrschte, war unbeschreiblich. (…)"

Auf der japanischen Insel Hokkaido ist der größte noch heute Feuer speiende Berg der **Komagatake** (1131 Meter) im Norden von Hakodate. Der Vulkan hatte eine folgenschwere Eruption **1856**, bei dem die Schwefeldämpfe den Baumwuchs ringsum zerstörten.[68]

Nach den vorliegenden Beschreibungen wurden am frühen Morgen des 25. September 1856 zahlreiche Erdbeben am Fuß des Schichtvulkans registriert, auf die gegen neun Uhr größere eruptive Aktivitäten folgten. Am östlichen Fuß wurde etwa 60 Zentimeter dicker Bimsstein abgelagert, zudem wurde etwa zwei Zentimeter hoher Ascheregen an der Mündung des 250 Kilometer entfernten Tokachigawa River im Osten festgestellt. Zwei Menschen starben im Verlauf des Bimssteinfalls, viele Verletzte waren zu beklagen. 17 Häuser brannten nieder. Im Dorf Tomenoyu, am Südostfuß des Vulkans, folgte auf den Bimsstein-Niederschlag ein pyroklastischer Fluss, was den Tod von vielen (19-27) Menschen zur Folge hatte. Die pyroklastische Hochtemperaturströmung staute vorübergehend den Oritogawa-Fluss und schuf einen neuen See, der mit heißem Wasser überfüllt war. Der Ausbruch ging zum Abend hin stark zurück, aber kleine, gelegentliche Eruptionen setzten sich für fast einen Monat fort.[69]

Banda Api (1846). Lithographie von Louis Le Breton, entstanden während der Südpolexpedition d'Urvilles. Wikipedia/gemeinfrei

In Indonesien sind der Insel Halmahera die Nord-Molukken (die kleinen oder eigentlichen Molukken) mit den Inseln (von Nord nach Süd) Ternate, Tidore, Moti, Matschian (Makian), Kayoa, Kasiruta, Mandioli und Bacan westlich vorgelagert. Noch tätig sind in der Region der 1715 Meter hohe Vulkan Gamalama von Ternate und die Vulkane von Makian, Tidore und Banda Api in der Bandasee.

Der 1357 Meter hohe Vulkan **Gunung Kie Besi** auf der Insel Makian in der Molukkensee ist ein aktiver Vulkan, der vom 28. Dezember **1861** bis Oktober 1862 immense Mengen von Lava und Asche hervorbrachte, wodurch 326 Menschen ihr Leben verloren und 15 Dörfer ganz oder teilweise zerstört wurden.[70]

Der britische Naturforscher Alfred Russel Wallace OM (1823-1913) hatte die Insel wenige Jahre vor der Eruption bereist. Er schrieb später:[71]

„Die Insel Makian, eine der Molukken, wurde im Jahre 1646 durch eine heftige Eruption aufgerissen, welche auf der einen Seite des Berges eine ungeheure sich bis in sein Herz hinein erstreckende Kluft hinterließ. Er war, als ich ihn zuletzt besuchte im Jahre 1860, bis zum Gipfel mit Vegetation bekleidet und mit zwölf bevölkerten malaiischen Dörfern bebaut. Am 29. December 1862, nach 215 Jahren vollständiger Ruhe, brach er plötzlich wieder auf, er zerriß, und das Ansehen des Berges veränderte sich vollständig; der größere Theil der Einwohner kam um und solche Massen von Asche wurden ausgeworfen, daß der Himmel über Ternate, vierzig Meilen von da, sich verdunkelte und die Ernte auf dieser und auf den umliegenden Inseln fast gänzlich zerstört wurde."

„Das Ausland. Eine Wochenschrift für Kunde des geistigen und sittlichen Lebens der Völker" hatte Wallaces Bericht nahezu unverändert bereits am 10. Oktober 1863 abgedruckt.[72]

Der Inselvulkan **Ruang** auf den Sangihe-Inseln in Indonesien hatte seinen letzten bedeutenden Ausbruch im Jahr **1871**. Die eruptive Phase währte vom 2. bis 14. März 1871. Ein starker explosiver Ausbruch aus dem zentralen Krater erfolgte am 5. März 1871, es wurden Verwüstungen von Ackerland und menschliche Verluste gemeldet. Drei große Tsunami-Wellen wurden durch den Einsturz eines Lavadoms verursacht, bis zu 25 Meter hoch. 400 Menschen sollen dabei den Tod gefunden haben.[73]

Vulkan Albay oder Mayon
aufgenommen vom Convento von Daraga

Der Mayon in Fedor Jagors „Reisen in den Philippinen" (1873), Seite 69.
Digitale Sammlung Blazek

Der **Mayon** auf der philippinischen Insel Luzon hatte vom 8. Dezember **1871** bis Januar 1872 eine Ausbruchsphase. Damals flohen die meisten Anwohner nach Erdbeben, die dem Ausbruch vorausgingen, aus dem Gebiet. Die Zahl der Todesfälle wurde als gering angenommen, man geht von drei Todesopfern aus. Fedor Jagor berichtete kurz und bündig: „Nach einer in Nature enthaltenen Notiz aus Manila brach Mitte Dezember 1871 der Mayon aus und spie mehrere Wochen lang Rauch, Steine und Lava aus."[74]

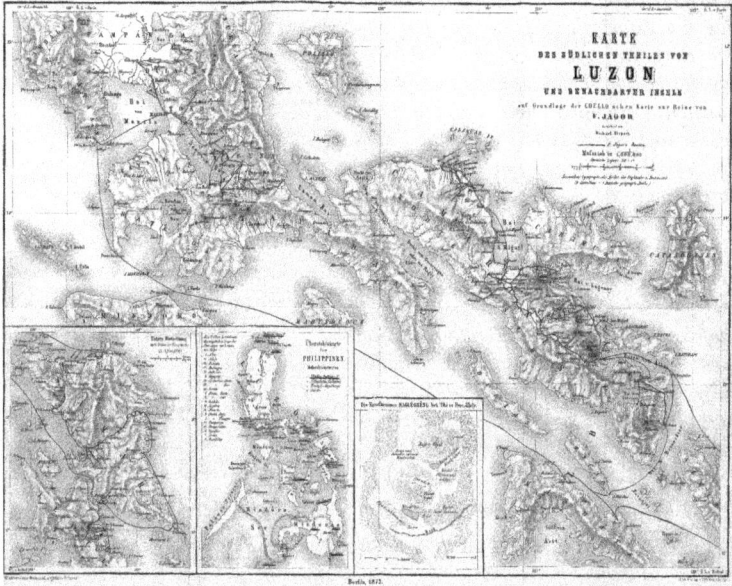

Karte des südlichen Theiles von Luzon und benachbarter Inseln, 1872, Beilage zu: „Reisen in den Philippinen von F. Jagor", Berlin Weidmannsche Buchhandlung 1873, gezeichnet von Richard Kiepert. Der Mayon ist im rechten unteren Sechstel, am Ende des Busens von Albay, eingezeichnet. Wikipedia/gemeinfrei

Am 15. April **1872** ereignete sich der gewaltigste Ausbruch des **Merapi** in Mitteljava (Indonesien) in der neueren Zeit. Hier wurden zahlreiche Dörfer zerstört.[75] Hunderte von Menschen sollen ums Leben gekommen sein. In den „Mineralogischen Mitteilungen" verlautete bereits im gleichen Jahr:[76]

### *Kilauea.*

*Dieser gewaltigste aller Vulkane hatte am 5. Januar 1872 wieder eine Eruption, begleitet von Erdbeben auf der ganzen Gruppe der Sandwichsinseln. Einzelheiten sind jedoch über diese Eruption nicht bekannt geworden.*[77]

## Merapi.

*Der Gunung Merapi auf Java, jener durch seine Rippenbildung so merkwürdige und zugleich der thätigste Vulkan der Insel, begann am 15. April 1872 wieder eine sehr heftige Eruption. Diese Eruption zeichnete sich dadurch aus, daß ein großer Lavastrom ergossen worden sein soll, ein Ereigniß, welches auf Java bei vulkanischen Ausbrüchen nur sehr selten eintritt. Der Merapi hat jedoch früher mehrfach Laven ergossen, indem noch einige vorhistorische Ströme sichtbar sind. Der Berg war während des Ausbruches Tage lang durch Rauch und Aschenregen gänzlich unsichtbar und nur ein Lichtschein tauchte zuweilen an seiner Stelle auf. Auch die Umgebung des Vulkans wurde dadurch so verfinstert, daß man noch in einer Entfernung von 14 Stunden von dem Berge am Tage nichts lesen konnte. Mehrere Dörfer wurden von der Asche verschüttet und die Flüsse in ihrem Laufe gehemmt. Asche, Steine und Sand lagen selbst in großer Entfernung stellenweise vier Fuß tief und Hunderte von Menschen kamen um. In Solo dauerte der Aschenregen drei Tage.*

Wochenblatt für das christliche Volk vom 23. Juni 1872, S. 211. Digitale Sammlung Blazek →

*Von Herrn Dr. Schneider in Surrabaja ging mir die Berichtigung, welche ich hiermit mittheile, zu, daß der Bromo auf Java, entgegen den früheren Angaben, wirklich Bimsstein erzeugt habe.*

### FEARFUL VOLCANIC ERUPTION.

————o————

We copy the following from the *Liverpool Mercury* of 2nd inst.:—

In the evening of the 15th of April, the volcano Merapi (in Java), which had been quiet since 1863, began to show signs of vigorous life. Streams of lava issued out of the mountain, and, rushing furiously downward, buried whole villages in their fiery masses, filled up the ravines, and checked the course of rivers. This outburst was one of the most frightful ever known. It came so unlooked-for that every one was surprised by it. A river in the neighborhood of the mountain was filled with lava to a depth of 15 feet. All the trees on its banks (which are 80 feet high) have been consumed or scorched by the fearful heat. A great many human beings have perished, together with their villages. Very little is yet known of the fate of those dwelling on the Merapi to a height of 6000 feet, the mountain being inaccessible. The authorities who endeavored to ascertain the nature of the working of the volcano saw only smoke, ashes, and glowing lava. Showers of ashes, stones, and sand followed the casting out of the lava, and caused dreadful devastation. At several places the sand and ashes lay from two to four feet deep, whereby great damage has been done to the coffee and other crops. At Solo and other places the ash and sand showers lasted three days, and it became so dark that lamps had to be lighted in the daytime in consequence. The volcanic outburst was accompanied by slight shocks of earthquake. It is said that thousands of Javanese have had to take flight after having lost their all; their villages had become uninhabitable owing to most of the houses having fallen down. By last accounts 200 dead bodies had been found on one side of the volcano. A woman who escaped, brought news that her fellow-villagers, 160 in number, had perished.

The Latter-Day Saints Millennial Star, 9. Juli 1872, über den Merapi-Ausbruch am 15. April 1872. Digitale Sammlung Blazek

„Erinnern wir schließlich noch an den ungeheuren Ausbruch des Merapi auf Java, der gleichzeitig mit dem großen Vesuvausbruch in diesem Frühjahre statt hatte, so wird man uns beipflichten, wenn wir behaupten, daß die letzten fünf Jahre uns ein Bild großartiger, vulkanischer Thätigkeit boten und daß diese Ereignisse wohl dazu geeignet sind, ein Theilchen des Schleiers zu lüften, der uns die Vorgänge im Innern unseres Erdballs noch verhüllt", schreibt der Journalist Ferdinand Dieffenbach (1835-1887) in Darmstadt.[78]

Der **Aso** ist ein 1592 Meter hoher Vulkan auf der japanischen Insel Kiuschu. Er besteht aus einer Caldera und mehreren Vulkankegeln, die in der Caldera entstanden. Eine bemerkenswerte eruptive Phase begann am 1. Dezember **1872**. Der schon lange tätige Vulkan begann am 1. Dezember 1872 seinen Auswurf so plötzlich, dass die in den Schwefelminen zahlreich beschäftigten Arbeiter alle verletzt und 4 getötet wurden. Der Aso beruhigte sich am 8. Juni 1873 wieder.

In den „Mittheilungen der kais. und königl. geographischen Gesellschaft in Wien" verlautete über die Katastrophe:[79]

„Ausbrüche des Aso-dsan-Berges in Higo. Am Nachmittage des 1. December 1872 begann der schon lange thätige Vulcan Aso-dsan plötzlich unter starkem Brausen heftig zu schwanken, während zu gleicher Zeit sich eine dichte Rauchsäule erhob und Sand und Steine, von der Größe einer Kanonenkugel bis zu Felsblöcken, die zwanzig Menschen nicht hätten heben können, nach allen Seiten hin geschleudert wurden. Unglücklicherweise war gerade eine große Anzahl Arbeiter in den in dem Berge befindlichen Schwefel-Minen beschäftigt, von welchen vier sofort getödtet und die übrigen ohne Ausnahme mehr oder weniger beschädigt wurden. Allmälich wurden das Schwanken und die Eruption schwächer und hörten endlich ganz auf. Am 24. December fieng der Berg von neuem an zu beben und warf Feuer, Rauch und kleine Steine aus, was sich täglich wiederholt. Ab und zu wird ein stärkerer Erdstoß bemerkt; eine große Menge heißer Quellen sprudeln überall hervor, fließen den Berg hinab und in den auf dem Aso-dsan entspringenden Fluß Sirakawa, der bei der Stadt Kumamoto vorbei nach einem Lauf von 15 Ri (1 Ri = 3110 m.) sich in das Meer ergießt. Das Wasser dieses Flusses ist in Folge dessen so mit Schwefel versetzt, daß er in der That ein weißer Fluß geworden ist (Sirakawa heißt weißer Fluß) und daß alle Fische und Schaalthiere darin vergiftet gestorben sind. Seit dem 1. März 1873 ist das Stoßen und donnerähnliche Getöse namentlich am Nachmittag und Abend noch stärker geworden, so daß in einem nicht weit von dem Vulcan gelegenen Dorfe die Fenster und Thüren unaufhörlich mit starkem Geräusch an einander schlagen; Nachts ist der ganze Himmel vom Feuer geröthet; die auffliegende Asche bedeckt täglich die Umgegend in einem Umkreise von 7 bis 8 Ri; am Tage ist es fast so dunkel wie in der Nacht; Erde und Sand fliegen je nach dem Winde 4 oder 5 Ri in das Land und bedecken den Boden täglich über einen Zoll hoch. Das Aussehen der Waizen- und Gemüsefelder der in jener Richtung liegenden Dörfer soll den amtlichen Berichten zu Folge ein sehr trauriges sein. Da die Stärke der Eruptionen von der Menge des im Berge befindlichen Schwefels abhängt, ist bereits ein Ken-Beamter zu näherer Untersuchung dorthin beordert worden, der zugleich auch den Auftrag hat, über die Ernte-Aussichten zu berichten. Mittheilungen der deutschen Gesellschaft für Natur- und Völkerkunde Ostasiens. Jokohama 1873. 1. Heft."

Der Neurologe Albrecht Wernich (1843-1896), der als Professor für innere Medizin, Gynäkologie und Geburtshilfe an der Kaiserlichen Medizinischen Akademie Tokyo (Yeddo) tätig war, dokumentierte die Ereignisse in seinen „Geographisch-medizinischen Studien nach den Erlebnissen einer Reise um die Erde" (1878).[80]

„Kagosima et volcan de Mi Take" von Charles Perron, aus: La Nouvelle Géographie universelle – La terre et les hommes (1875-94), 1882, Élysée Reclus, Hachette, Paris 1882, S. 725. Der in der Mitte zu sehende Sakuraschima, der seit 1779 erloschen schien, vernichtete 1914 in einem plötzlichen Ausbruch die Stadt Kagoschima (damals 70.000 Einwohner) und mehrere Dörfer. Digitale Sammlung Blazek

Die elf Kilometer lange und acht Kilometer breite japanische Insel **Miyake-jima** hat einen Stratovulkan mit einer älteren Doppelcaldera. Diese Caldera wird um 120 Meter vom Oyama-Krater überragt, der von zahlreichen Nebenkratern besetzt ist. Die Insel gehört zu den Izu-Inseln, einer Inselkette, die sich südöstlich der japanischen Izu-Halbinsel von der Insel Honschu aus in Südrichtung in den Pazifik erstreckt. Der 815 Meter hohe Vulkan Oyama ist häufig aktiv. Er hatte vom 3. bis 17. Juli **1874** eine Ausbruchsphase, die ein Opfer forderte, und zwar einen Menschen, der in der Nähe des Kraters vermisst wurde.[81]

Der Vulkan **Tavurvur** in Neubritannien, Papua-Neuguinea, hatte vom 30. Januar bis 26. Februar **1878** einen Ausbruch, der ein Menschenleben forderte. Frühe europäische Seefahrer sahen das Glühen und den Rauch der Vulkane, und 1878 segelte der Reisende und Abenteurer Wilfred Powell F.R.G.S. (1853-1942) an den Duke of York-Inseln vorbei, bestieg den Muttervulkan und betrachtete die Bildung des Tavurvur-Kegels: „Es war schrecklich; alle paar Minuten würde ein gewaltiger Krampf kommen, und dann schien sich das Erdinnere vom Krater in die Luft zu erbrechen, gewaltige Steine, glühend heiß, so groß wie ein gewöhnliches Haus, würden herausgeschleudert, fast außer Sichtweite, wenn sie wie eine Rakete platzen und zischend ins Meer fallen."[82]

Abraham Salm (1801-1876): In der Sunda-Straße vor dem Hafen Anjer, 1872, von J.C. Greive jun. erstellt, Frans Buffa, Amsterdam 1872. Wikipedia/gemeinfrei

## Am 27. August 1883 explodiert die Insel Krakatau.

*„Sonntag, 26. August 1883. Der Tag begann mit einer starken Brise und dickem, trübem Wetter. (...) Es war Mitternacht zur Mittagszeit, mit der Bö setzte ein starker Ascheregen ein, die Luft war so stickig, dass es schwer fiel zu atmen. Bemerkte auch einen starken Geruch von Schwefel, alle Hände erwarten, erstickt zu werden. Fürchterliches Getöse vom Vulkan her, der Himmel voller Lichtblitze, die in alle Richtungen liefen und die Dunkelheit intensiver machten als je zuvor, das Heulen des Windes, der durch die Takelage fuhr, war eines der schauerlichsten Erlebnisse, das man sich vorstellen kann ... alle glaubten, die letzten Tage der Erde seien gekommen.“*

Notizen des ersten Offiziers des US-Dreimasters *W. H. Besse*, 1883

„Der Feuerschein ist in Batavia sichtbar; Serang ist vollständig in Dunkelheit gehüllt. Ausgeworfene Steine sind dort niedergefallen; auch in Batavia herrschte vollständige Finsternis. Alle Gaslampen erloschen gestern Abend." Die Zeitungsleser erfuhren am 30. August 1883 von den „furchtbaren Eruptionen", die sich drei Tage zuvor in der Sundastraße (Indonesien) ereignet hatten. Was noch niemand ahnte: Die seit 1680 schlummernde Vulkaninsel **Krakatau** war explodiert und hatte das Leben von 36 000 Bewohnern der Küstenorte gefordert.

Bei der größten historischen Vulkanexplosion am 27. August **1883** bestand die Insel Krakatau in der Sundastraße noch aus drei Kegelvulkanen: Rakata, Danan und Perboewan. Der große Knall erfolgte um 10.02 Uhr Ortszeit (4.02 Uhr

MEZ). Die Vulkaninsel schrumpfte an diesem Tag von 33,5 auf 10,5 Quadratkilometer. Innerhalb weniger Stunden beförderten die Erdkräfte 80 Kubikkilometer Asche, Bimsstein und Lava ins Freie. Bis zu 30 Kilometer Höhe stiegen Staub und Asche. Eine Flutwelle von 40 Metern Höhe wurde ausgelöst. Das Wasser raste auf die Küsten zu. 36 417 Menschen auf Sumatra und Java ertranken, 295 Dörfer und Städte wurden zerstört. „Asche" fiel über einem Gebiet von etwa 827 000 Quadratkilometern.

Ansicht des Krakataus in der Frühphase seiner Eruption – von einem am Sonntag 27. Mai 1883 aufgenommenen Foto. „View of Krakatoa during the Earlier Stage of the Eruption, from a Photograph taken on Sunday 27th of May, 1883". Lithographie aus G. J. Symons: The Eruption of Krakatoa, and Subsequent Phenomena. Report of the Krakatoa Committee of the Royal Society. Trubner, London 1888. Digitale Sammlung Blazek

Die Vulkane in Indonesien haben die wohl verheerendsten Ausbrüche der Welt. Der Ausbruch des Tambora im Jahre 1815 ist bis heute der wohl heftigste gewesen, und er kostete mehr Todesopfer als der Ausbruch des Krakataus. Man schätzt, dass dabei eine Energie freigesetzt wurde, die der von ungefähr 100 000 Atombomben entspricht, das heißt, einer Explosion von ungefähr zwei Milliarden Tonnen Sprengstoff. Vermutlich wurde sogar das globale Klima beeinflusst.

Im Jahr nach der explosiven Eruption erlebten Bauern auf der anderen Hälfte des Erdballs einen Missernten-Sommer wie nie zuvor.

Die Vermutung, ein Vulkanausbruch könne das Weltklima beeinflussen, tauchte erst nach der Eruption des Krakataus im Jahre 1883 wieder auf. Diesmal waren die Veränderungen in der Atmosphäre auf der ganzen Welt zu verfolgen; sie zeigten sich schon innerhalb der ersten zwei Wochen nach dem Ausbruch und hielten über Monate hinweg an. Man konnte eigenartige Farbenspiele und Höfe um Sonne und Mond beobachten, und monatelang waren die Sonnenauf- und Sonnenuntergänge ungewöhnlich farbenprächtig.

THE ISLAND AND VOLCANO OF KRAKATOA, STRAIT OF SUNDA, SUBMERGED DURING THE LATE ERUPTION—[SEE PAGE 614.]

„Harper's Weekly" präsentierte in ihrer Ausgabe vom 29. September 1883 eine Darstellung mit dem Vulkankegel vor dem großen Knall. Digitale Sammlung Blazek

Die Katastrophe verlief folgendermaßen: Drei Monate lang hatten die Bewohner von Batavia, wie Jakarta bis 1949 hieß, mit Spannung verfolgt, wie immer wieder Aschewolken, begleitet von einem leichten Grollen, von einer winzigen Gebirgsinsel in der Sundastraße aufstiegen, jener Meerenge zwischen Java und Sumatra, die den Indischen Ozean mit der Javasee verbindet.

Am 26. August 1883 gegen 13 Uhr schlug ihr Interesse in Entsetzen um, als die Insel – ebenso wie der darauf befindliche Vulkan unter dem Namen Krakatoa oder Krakatau bekannt – während einer der heftigsten Vulkanausbrüche aller Zeiten förmlich zu explodieren schien. Eine Detonation folgte auf die andere, und die Gewalt der Eruptionen nahm ständig zu. Bereits nach einer Stunde hing eine schwarze Wolke 27 Kilometer hoch über der Sundastraße.

Gegen 17 Uhr schlug die erste einer Reihe seismischer Flutwellen – so genannter Tsunamis – an die Küsten von Java und Sumatra. Sie wurden vermutlich durch submarine Erdbeben ausgelöst, die die Eruptionen auf Krakatau begleiteten. Während der ganzen Nacht hielten die ohrenbetäubenden Detonationen an. „Über die Hälfte meiner Mannschaft hat geplatzte Trommelfelle", schrieb der Kapitän eines englischen Schiffes, das sich 40 Kilometer von der Insel entfernt befand.

Ein anderer englischer Kapitän, W. J. Watson, der in jener Nacht mit dem Frachtschiff *Charles Bal* an Krakatau vorbeifuhr, schilderte in seinem Logbuch die Einzelheiten seiner gespenstischen Fahrt. In einem Hagel heißer Bimssteinbrocken mühte sich eine verängstigte Mannschaft, die Ascheberge über Bord zu schaufeln, die von erstickenden Schwefelböen auf das Deck geweht wurden und das Schiff so weit unter Wasser drückten, dass es zu sinken drohte. Blitze zuckten zwischen der Insel und dem Himmel hin und her, ein unheimlicher Schein umspielte die Enden der Rahen, und rosa Flämmchen tanzten in der Takelage. Das Phänomen war unter dem Namen Elmsfeuer bekannt und sollte später als Folge einer mit statischer Elektrizität überladenen Atmosphäre erklärt werden.

„The Illustrated London News" zeigte auf der Titelseite ihrer Ausgabe vom Sonnabend, 8. September 1883, drei Bilder vor und nach der Apokalypse in der Sundastraße („The Island of Krakatoa"). Die erste Zeitschrift, die über den Ausbruch des Krakatau berichtete, war übrigens die holländische „Java-Bode" am 27. August 1883. Digitale Sammlung Blazek

Am Vormittag des 27. August senkte sich eine seltsame Stille über das Gebiet. Einen Moment lang glaubten die geplagten Seeleute und Inselbewohner, dass sie das Schlimmste überstanden hätten, aber in Wahrheit war alles Bisherige nur ein Vorspiel der eigentlichen Katastrophe gewesen. Um zwei Minuten nach 10 Uhr schien es, als klinkte ein schrecklicher Mechanismus tief im Innern des Vulkans ein, und die ganze Insel Krakatau flog in die Luft. In einer einzigen gigantischen

Explosion schoss eine Gesteins- und Feuersäule in den Himmel und erhob sich durch die ascheverdunkelte Atmosphäre zu einer Höhe, die auf 50 Kilometer geschätzt wurde. In wenigen Sekunden war die Hauptmasse des 800 Meter hohen Berges wie weggradiert.

Gleichzeitig wälzte sich von der Insel her ein Tsunami, der um ein Vielfaches größer war als die vorangegangenen Flutwellen, auf die umliegenden Küsten zu und richtete verheerende Schäden an. Bei Merak nahe der Nordwestspitze Javas erreichte die Wasserwand eine Höhe von fast 40 Metern. Die Flutwelle überrollte die Stadt, sank mit dröhnendem Klatschen in sich zusammen und verwischte, als sie ins Meer zurückwich, jede Spur der Menschen, die hier gelebt hatten. Weitere Tsunamis folgten, insgesamt neun an der Zahl. Als sich das Wasser endlich beruhigte, hatten 36 000 Bewohner der Küstenorte den Tod gefunden.

Das holländische Kanonenboot „Berouw" wurde vom Tsunami drei Kilometer landeinwärts getragen und dort, fast unbeschadet, hart im Bett des Koeripan River abgesetzt. Die 28-köpfige Crew kam vermutlich bereits durch den massiven Aufprall der Welle ums Leben. Rostige Eisenteile waren noch um 1980 im Dschungel zu finden. St. Nicholas Magazine, März 1900. Zeichnung des Journalisten Edmond Cotteau (1833-1896), der gemeinsam mit René Bréon und W. C. Korthals, am 26. Mai 1884 auf Krakatau anlandete. Digitale Sammlung Blazek

Der englische Astronom Sir Norman Lockyer (1836-1920), Begründer und Herausgeber der Wochenzeitschrift „Nature", berichtete in der „Nature"-Ausgabe vom 10. Januar 1884:[83] „In Katimbang hörte man um 10 Uhr eine ferne Welle, und die Europäer und Eingeborenen gingen an einen höheren Ort. Während der Nacht wurden die Wellen gehört, die eine schreckliche Verwüstung verursachten. In Telok Betong wurden um 10 Uhr mehrere Schiffe an den Strand geworfen (darunter der Dampfer Berouw, Tiefgang 1,75 m, 4 Kanonen, 30 PS, 4 Europäer, 24 Eingeborene), Häuser weggefegt, Menschen ertränkt, etc.; gegen Mitternacht ruhig."

Die Tsunami-Welle hatte insgesamt 165 Dörfer an den Küsten Javas und Sumatras zerstört: Die Masse der Todesopfer war ertrunken, zudem starben 1000 Menschen in Südsumatra durch die vom Wind transportierte heiße Vulkanasche.

Emil Metzger aus Halle a. d. Saale brachte 1884 in „Globus: Illustrierte Zeitschrift für Länder- und Völkerkunde" seinen zweiteiligen Beitrag „Der vulkanische Ausbruch in der Sundastraße". 1885 präsentierte er zudem die deutsche Übersetzung der Monographie „Officieller Bericht über den vulkanischen Ausbruch von Krakatau am 26., 27. und 28. August 1883" des niederländischen Chef-Ingenieurs bei dem Bergwesen in Buitenzorg, Java, Rogier Verbeek (1845-1926). Im Beitrag „Der vulkanische Ausbruch in der Sundastraße" heißt es: „Um 11 Uhr 15 Min. fand eine schreckliche Explosion in der Richtung von Krakatau statt, von dem wir jetzt mehr als 30 Meilen entfernt waren. Wir sahen eine Welle sich auf die Button-Insel losstürzen, anscheinend den südlichen Theil überschwemmen und sich an der Nord- und Ostseite, halbwegs etwa, aufbäumen. Dies wiederholte sich zweimal (…) Gegen 5 Uhr klärte sich der Horizont im Norden und Nordosten und wir sahen die Westinsel, welche zwischen O und W eben sichtbar wurde. Bis Mitternacht war der Himmel schwarz und dicht bewölkt."[84]

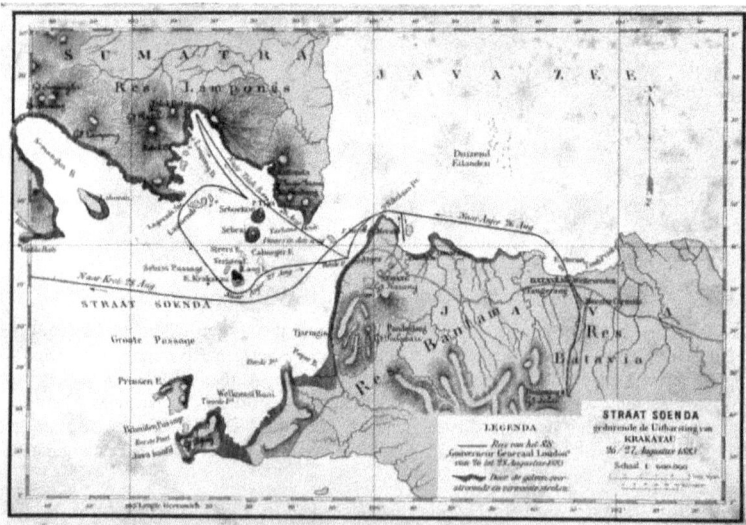

Route des Ausflugsdampfers *Gouverneur Generaal Loudon* vom 26. bis 28. August 1883. „In het Rijk van Vulcaan: De uitbarsting van Krakatau en hare gevolgen." Ein Wort zur Erinnerung an die Mannschaft von S. M. Korvette „Augusta" von Emil Metzger. Von R. A. Sandick, Zutphen W. J. Thieme & Cie, 1890. Digitale Sammlung Blazek

Am nächsten Tag begann der Himmel über Krakatau aufzuklaren, und Kapitän T. H. Lindeman vom Ausflugsdampfer *Gouverneur Generaal Loudon* segelte auf seiner Route nach Batavia bis nahe an die Küste von Java heran. „Überall herrschte das gleiche düstere Grau", berichtete er. „Die Dörfer und Bäume waren verschwunden; wir konnten nicht einmal Ruinen erkennen, denn die Wogen hatten alles zerstört und mit sich gerissen – Menschen, Häuser und Plantagen. Dies war fürwahr eine Szene wie aus dem Jüngsten Gericht."

Die kulminierende Explosion des Krakataus fand am 26. August 1883 statt und wurde bereits am 27. August 1883 im „Boston Globe" gemeldet. Die Nachricht von der Explosion hatte den „Globe" in wenigen Stunden erreicht, und der Reporter John Soames wurde berühmt für eine Serie von drei Artikel in drei Tagen aus den verkabelten Nachrichten, ergänzt durch fleißiges Lesen in der Boston Public Library. Es war der Beginn der globalen Nachrichteninfrastruktur und der modernen Welt, in der wir leben.[85]

Die deutsche Presse scheint nur spärlich informiert worden zu sein. Dass eine Insel explodiert war, ist bis zuletzt niemand gewahr geworden. Die vorerst einzige Meldung von der Katastrophe beispielsweise in der „Celleschen Zeitung" datiert vom 30. August 1883. Noch unterschied sich die Meldung nicht besonders von anderen über vulkanische Aktivitäten:[86]

— *(Von der vulkanischen Insel Krakatoa.) Aus Batavia wird unterm 27. d. M., Mittags, gemeldet:*

*Vergangene Nacht haben auf der vulkanischen Insel Krakatoa furchtbare Eruptionen, welche bis Surakarta gehört wurden, stattgehabt. Der Aschenregen fiel bis Tjeribon. Der Feuerschein ist in Batavia sichtbar; Serang ist vollständig in Dunkelheit gehüllt. Ausgeworfene Steine sind dort niedergefallen; auch in Batavia herrschte vollständige Finsterniß. Alle Gaslampen erloschen gestern Abend. Der Verkehr mit Anjer (an der Westküste) ist unterbrochen. Es werden Befürchtungen für diesen Ort gehegt.*

*— 28. Aug. Weitere Meldungen aus Batavia über die Eruptionen auf Krakatoa besagen: Der Ausbruch begann Sonntag und schädigte schwer den nördlichen Theil der javanischen Provinz Bantam, inbesondere (sic!) die Baumpflanzungen, Feldfrüchte, Brücken und Wege durch Aschenregen und Bimsstein. Die telegraphische Verbindung zwischen der Stadt Bantam und Batavia ist augenblicklich noch unterbrochen, der untere Theil von Batavia ist durch eine außergewöhnliche Fluth überschwemmt.*

Erst eine ganze Woche später folgten weitere Einzelheiten. So verlautete in der „Celleschen Zeitung" vom 6. September 1883:

*— (Expedition nach der Sunda-Meerenge.) Drei englische Kriegsschiffe sind beordert, sofort nach der Sunda-Meerenge abzugehen, die dortige Lage zu prüfen und über die durch Erdbeben verursachten Veränderungen, soweit sie die Schifffahrt betreffen, zu berichten.*

Am 7. September folgten erstmals konkrete Hinweise auf die Ausmaße der Katastrophe vom 27. August. Fälschlicherweise wird erneut von einem Erdbeben berichtet. So heißt es in der „Celleschen Zeitung" diesmal:

*— (75000 Menschen um's Leben gekommen.) Aus einzelnen Depeschen, welche über das Erdbeben in der Sunda-Straße (Niederländisch-Indien) jetzt vorliegen, geht hervor, daß das dortige Erdbeben-Unglück alles bisher Dagewesene und*

*die schlimmsten Befürchtungen übersteigt. Von 25,000 Chinesen, die z. B. in dem Chinesenviertel in Batavia wohnen, haben ungefähr 5000 ihr Leben verloren. In Anjer sollen außer den Eingeborenen 800 Europäer das Leben eingebüßt haben. In Tamerang schätzt man die Zahl der umgekommenen Javanesen auf 1800. Viele Ortschaften und Städtchen, sowie ganze Inseln sind völlig zerstört. Alles in Allem wird angenommen, daß mehr als 75000 Menschen bei der Katastrophe das Leben verloren.*

Am 8. September 1883 folgte eine Kurzmeldung aus Amsterdam:

**Niederlande.** *Amsterdam, 5. Sept. (Für Java und Sumatra.) Unter dem Protectorat des Königs und unter dem Vorsitz des Prinzen von Oranien hat sich heute hier ein Comité gebildet zur Unterstützung der Hinterbliebenen der Opfer der Katastrophe auf Java und Sumatra.*

Die Ausmaße und die Auswirkungen des Vulkanausbruchs des Krakataus für die Bevölkerung und die Wirtschaft des Landes wurden deutlich durch den ausführlichen Bericht zum Thema im Zweiten Blatt der Sonntagsausgabe der „Celleschen Zeitung" vom 9. September 1883: „Die Vulcan-Ausbrüche in und an der Sunda-Straße, welche während der letzten Woche Java in erster Reihe heimsuchten, bilden wohl die stärkste vulkanische Äußerung, die sich im Laufe dieses Jahrhunderts, wenn nicht länger hinaus, ereigneten. (...)" Wie so oft bei solchen Dingen, stimmen die Beobachtungen ansonsten wenig überein. Tausende von Menschen wurden plötzlich der Ereignisse in der Sundastraße gewahr, doch ihre Berichte stellen heute – wie die Schilderungen jedes ungeheuerlichen und traumatisierenden Ereignisses – ein Wirrsal von Gegensätzen und Widersprüchen dar. So vermischten sich auch in diesem Bericht Wahrheit und Dichtung. Die Meldung, dass gleich 16 Vulkane zeitgleich ausgebrochen seien, ist stark anzuzweifeln: „Um 11 Uhr Nachts brachen aus 16 Vulcanen mit furchtbarer Macht Feuerlohen heraus, die blutig roth zum Himmel emporschlugen." Nachvollziehbarer erscheint dann aber das Nachfolgende: „Das unterirdische Rollen war von geradezu sinnbetäubender Heftigkeit; das Meer in der Sunda-Straße begann zu brausen und zu kochen, und der Schrecken der Bevölkerung wurde auf das höchste gesteigert, als heiße Asche zu fallen begann und rothglühende Felsstücke auf die Erde niederstürzten. Dieser Steinregen war der größte aller Schrecken; Hunderte von Menschen wurden erschlagen, die Städte Cheribon, Birtinzang, Samarang, Jogjakerta, Saurakerta, Saurabaya, und die berühmten tausend Tempel in Brambaman wurden durch die niederstürzenden heißen Felsstücke zum großen Theil in Trümmer gelegt und in Brand gesteckt. (...)"

Den kurzen Meldereigen in der „Celleschen Zeitung" schloss die Meldung in der Celleschen Zeitung vom 11. September 1883:

**Niederlande.** *(Zur Katastrophe auf Java.) In Holland, wo sich kaum die Sorge um das Schicksal der holländischen Nordpol-Expedition gelegt hat und die Sammlungen zur Deckung der Kosten für deren Aufsuchung noch im Gange sind, beginnt bekanntlich augenblicklich eine große National-Sammlung für die von dem Erdbeben in Niederländisch-Indien heimgesuchten Colonialdistricte. Der König, der Kronprinz und die hervorragendsten Persönlichkeiten haben* *sich an die Spitze dieser Hilfsthätigkeit gestellt und die Gaben fließen bereits von allen Seiten. Ein literarisches Gabenwerk „Holland-Krakotoa" im Sinne von „Paris-Murcia" soll in holländischer und französischer Sprache herausgeben werden. Der Präsident der französischen Republik, Grevy, hat übrigens dem König von Holland ein Beileidsschreiben bezüglich der Katastrophe auf Java zugehen lassen. Es ist dies eine Kundgebung, die von den Holländern sicher hoch aufgenommen werden wird und nicht verfehlen dürfte, die schon vorhandenen starken Sympathien der Holländer für Frankreich zu erhöhen. Erwähnt sei noch, daß in holländischen Blättern jene Berichte von der Schreckenskatastrophe als arg übertrieben und zum Theil als geradezu erdichtet bezeichnet werden, welche aus der Londoner Presse auch in die continentale übergingen. Immerhin beziffern auch die holländischen Berichte den Verlust an Menschenleben bei dem Erdbeben auf circa dreißigtausend.*

„Der Naturforscher – Wochenblatt zur Verbreitung der Fortschritte in den Naturwissenschaften" berichtete 1884:[87]

„Ueber die Eruption des Krakatoa im August 1883.

Von der niederländischen Regierung war Herr Verbeek, Bergingenieur zu Batavia, beauftragt worden, die Natur, die Ausdehnung und die Folgen der letzten vulkanischen Eruptionen des Krakatoa in der Sunda-Straße eingehend zu untersuchen. Zu diesem Zwecke hat er mit einem ihm zur Verfügung gestellten Fahrzeug die von der Eruption betroffene Gegend siebzehn Tage lang durchforscht und eine Reihe sehr wertvoller Daten gesammelt, die er zunächst in einem vorläufigen, allgemeinen Bericht veröffentlicht hat, während das Detail der Ergebnisse und die aufgenommenen Karten der späteren, ausführlichen Publication vorbehalten bleiben. Bei dem großen, allgemeinen Interesse, welches sich an diese vulkanische Eruption geknüpft hat, wird es die Leser interessiren, außer den in unserem allgemeinen Berichte über die Eruptionen des Jahres 1883 enthaltenen Daten (Ntf. XVII, 205) die wesentlichsten Momente dieses Phänomens aufgrund der eingehenden, wissenschaftlichen Untersuchungen kennen zu lernen, wie sie von Herrn Daubree aus dem Berichte des Herrn Verbeek der Pariser Akademie mitgeteilt worden sind: Am 20. Mai 1883 geriet der niedrigste der drei Gipfel der Insel, der Perboewatan, plötzlich in Eruption; der höchste Gipfel der Insel, der Berg Krakatoa (822 m) war im Jahre 1883 gar nicht tätig und der dritte Gipfel, der Berg Danan, geriet erst später in Action. Die Eruptionen dauerten mit veränderlicher Intensität und mit Ruhephasen bis zum 26. August, zu welcher Zeit der Krater des Dananberges gleichfalls in Action trat. Am 26. nahmen die Eruptionen bedeutend an Intensität zu, und erreichten ihr Maximum am 27. um 10 Uhr morgens. Sie nahmen dann an Heftigkeit ab, dauerten aber nichts desto Weniger die ganze Nacht hindurch, bis sie endlich am 28. etwa um 6 Uhr morgens aufhörten.

Die Eruptionen des 26. und 27. August waren von heftigen Detonationen und Erschütterungen begleitet. Während dieser beiden Tage hörte man fast ununterbrochen ein dumpfes Geräusch, ähnlich fernem Donnerrollen; die eigentlichen Eruptionen waren von kurzen Schlägen begleitet, ähnlich starken Kanonenschüssen; während die heftigen Detonationen noch viel kürzer und mehr knatternd waren, so daß sie mit keinem andern Geräusch verglichen werden können.

Der Lärm der Eruptionen im Monat Mai wurde in nordwestlicher Richtung bis 230 und 270 km von Krakatoa gehört. Aber die Fortpflanzung des Schalles, wie sie am 26. August stattgefunden, übersteigt alles bisher bekannte. Die Schläge wurden gehört in Ceylon, in Birman, in Manilla, in Doreh, auf der Geelvinkbai, in Neu-Guinea und zu Perth auf der Westseite Australiens, wie an allen Orten, die Krakatoa näher liegen. Beschreibt man um Krakatoa als Mittelpunkt einen Kreis mit einem Radius von 30° oder 3333 km, so geht dieser Kreis genau durch die entferntesten Orte, an denen man den Lärm gehört hat. Die Oberfläche dieses Kreises beträgt über ein Fünfzehntel der Erdoberfläche. Bei der Eruption des Tambora auf der Insel Sömbawa im Jahre 1815 war der Kreis, in dem das Lärmen gehört worden war, um die Hälfte, seine Fläche also viermal kleiner. Außer diesen Schallschwingungen bildeten sich während der Explosionen auch noch Luftwellen aus, die sich nicht durch Gehörseindrücke ergeben, aber nichtsdestoweniger merkwürdige Effekte hervorgebracht haben, die schnellsten dieser Schwingungen theilten sich den Gebäuden und den Verschlüssen der Zimmer mit. So wurden z.B. in Batavia und in Buitenzorg, in einem Abstande von 150 km von Krakatoa, Thüren und Fenster lärmend gerüttelt, Uhren blieben stehen, auf Schränken stehende Statuetten wurden umgeworfen. (…)"

Die Nachrichten vom Krakatau schienen viel exotischer zu sein und kamen aus einer Region, die die meisten Amerikaner kaum in Betracht ziehen konnten. Die Idee, dass Ereignisse auf einer Vulkaninsel im Westpazifik innerhalb von Tagen am Frühstückstisch zu lesen waren, war eine Offenbarung. Drei Tage nach der Katastrophe schrieb die „Morning Post" in London:

*„ The Eruption of Krakatoa – 27 August 1883. Am 27. August 1883 um 10 Uhr brach der Vulkan Krakatau mit vier gewaltigen Explosionen aus, die praktisch die gesamte Insel zerstörten. Es wird geschätzt, dass die Explosionen und Flutwellen mindestens 36.000 Menschen töteten. Die Explosionen im Krakatau gelten als die lautesten in der Geschichte, und es wird behauptet, dass die Explosionen bis zu einer Entfernung von 3.000 Meilen gehört wurden. Morning Post – Thursday 30 August 1883"*

Die „Gunnison Review Press" im US-Bundesstaat Colorado berichtete in ihrer Ausgabe vom 3. September 1883:

„More About the Java Volcano.

*Special to Daily Review-Press.*

LONDON, Sept. 3.–A correspondent in Amsterdam says it is believed that 100.000 persons perished in North Banton in the recent volcanic eruption. It is also believed that the garrison and fort, at Auger were swept away. An extensive plain of volcanic stone has been formed in the sea near Lampong, Sumatra, preventing communication with Taka, Belonge, and the southwestern portion of Java."

[„LONDON, 3. September. Ein Korrespondent in Amsterdam sagt, es werde angenommen, dass bei dem jüngsten Vulkanausbruch 100000 Menschen in North Banton umgekommen seien. Es werde auch angenommen, dass die Garnison und Fort in Auger weggefegt worden sei. Im Meer bei Lampong, Sumatra, hat sich eine ausgedehnte Ebene aus vulkanischem Gestein gebildet, die die Verbindung mit Taka, Belonge und dem südwestlichen Teil von Java verhindert."]

Nachfolgegenerationen des Krakataus brachen letztmalig 1988 beziehungsweise 1993 aus, seitdem ist es dort ruhig, vorerst.

Le volcan Mayon vu de la Casa Real d'Albay (Der Vulkan Mayon, von der Casa Real d'Albay aus gesehen.) — Zeichnung von A. de Bar nach einer Photographie von J. Montano und Paul Bey. Le Tour du Monde, Hachette, Paris 1884, S. 115. Digitale Sammlung Blazek

Die Ausbruchsphase des **Mayon** auf der philippinischen Insel Luzon vom 8. Juli **1886** bis 9. März 1887 kostete noch einmal 15 Menschen das Leben. Insbesondere gegen Ende hin, am 22. Februar und 9. März 1887, traten bei seinen Eruptionen neben der Asche Lava und zuletzt auch Felsbrocken als Hauptförderprodukte zutage.[88] „Das Ausland" beschrieb den mit Blick auf seine örtliche Lage auch mit „Albay" bezeichneten Vulkan damals, 1886, so:[89]

„Auf einem steilen Berge von mehr als 2734 Meter Höhe, nahe der den Archipel nach Osten begrenzenden Küste, erhebt sich majestätisch ein zweiter bedeutender Vulkan, der Mayon von Albay, mit einem unzugänglichen Gipfel meerwärts einen Raum von zwanzig Meilen beherrschend. Es gibt wohl auf Erden keinen Vulkan von größerer Formvollendung, schöneren topographischen Verhältnissen. Die regelmäßige Kegelgestalt des Berges, auf welchem er ruht, gibt ihm von weitem das Aussehen eines riesigen Kriegszeltes."

„The Chinese Recorder", Missionary Journal, Jahrgang XVIII, berichtete kurz und bündig: „(April 1887) Great eruption from the Mayon Volcano near Albay, Philippine Is."

93

Der Mayon, den Karl Sapper in seiner „Vulkankunde" (1927) als „sehr regelmä-
ßigen Kegel mit kleinem Krater" beschrieb,[90] brach danach wieder am 15. Dezember 1888 aus.[91]

General view of Mount Mayon, 1885. The Earth and Its Inhabitants, The Universal Geogra-
phy, J.S. Virtue & Company, Limited, London 1885, S. 246. Digitale Sammlung Blazek

Im Herzen des Bandai-Asahi-Nationalparks befindet sich die bis zu einer Höhe
von 1819 Metern aufsteigende **Bandai**-Vulkangruppe. Deren nördlichster Vulkan, der Kobandai, brach am 15. Juli **1888** unerwartet aus und produzierte einen
gewaltigen Steinschlag. Schätzungen sprechen von 1,5 Kubikkilometern. Die
erste seismische Aktivität begann am 8. Juli 1888. Der Ausbruch vom 15. Juli,
bei dem der Vulkan 600 Meter an Höhe eingebüßt haben soll, verwüstete die
umliegenden Orte, veränderte die Landschaft grundlegend und staute den Na-
gase und seine Zuflüsse auf. Der Ausbruch des Bandai tötete 461 Menschen.[92]

Der Düsseldorfer Historiker der Geologie Carl Christoph Beringer (1899-1955)
weiß über den Ausbruch von 1888 zu berichten:[93] „Kaum minder fürchterlich
sind reine Dampf- und Gasexplosionen. Einer solchen fiel im Jahre 1888 der
Vulkan Bandaisan in Japan nach einer fast tausendjährigen Ruheperiode zum
Opfer. Erdbeben leiteten am Morgen des 15. Juli die Katastrophe ein; dann erhob sich unter mächtigem Getöse eine dichte Staub- und Dampfsäule, die Re-
genschirmform bekam und bis 1000 m hoch stieg. Völlige Finsternis brach her-
ein, nur schwach erhellt von den Blitzen, welche die Staubwolke durchzuckten.
Etwa 20 Explosionen folgten hintereinander, und eine riesige Erdlawine verwüstete das Nagasetal. Das Besondere an dieser Katastrophe war, daß die riesigen
Schuttmassen keine eigentlichen Lockerauswürfe waren, sondern von dem weg-
gesprengten Bergkegel selbst stammten."

In den Monaten März und April 1892 ereigneten sich heftige Erdbeben auf der philippinischen Insel Luzon, die sich besonders verheerend in Pangasinan, Union und Benguet auswirkten. Die „Wöchentlichen Anzeigen für das Fürstenthum Ratzeburg" in Schönberg berichteten in ihrer Ausgabe vom 24. Mai 1892: „Die am Sonnabend in Madrid eingetroffene Post aus Manila bringt Nachrichten von einem starken Erdbeben, das am 16. März auf den Philippinen stattgefunden hat. Viele öffentliche und Privatgebäude wurden in den Provinzen Pangasinan, La Union und Nueva Vizcapa zerstört und die Bewohner des größten Theils ihrer Habe beraubt. Die Erde spaltete sich an vielen Stellen, und wo die genannten drei Provinzen aneinander stoßen, entstand ein neuer Vulkan. Auch zahlreiche Unglücksfälle kamen vor. So stürzte in Binalouan (Pangasinan) das Gerichtsgebäude ein und begrub den amtirenden Richter unter den Trümmern. Ebenso erging es einem Geistlichen in der Kirche des Dorfes San Esteban." Allerdings fragte das „Neue Jahrbuch für Mineralogie, Geologie und Paläontologie" in seiner Ausgabe von 1894: „(...) den Philippinen (wo?) entstand im März unter Erdbeben ein neuer Vulcan. Der Vesuv war das ganze Jahr in erhöhter Thätigkeit und es ergossen sich Lavaströme am 11. Januar, 17. Februar, 7. Juni, 16. Juli und 15. September. Etna war vom 8. Juli 1892 bis zum 29. December in intermittirender Thätigkeit mit starken Lavenergüssen und Bildung zweier Spalten auf der Südseite, auf denen sich zwei neue Kratere, die Monti Silvestri, aufbauten. Pic Paderal in Neu-Mexico seit December heftige Ausbrüche und starke Lavenergüsse."[94]

Auf Nordsumatra in Indonesien befindet sich der Schichtvulkan **Sorikmerapi**. Seine am 21. Mai **1892** beginnende Ausbruchsphase, die Schlamm- und Schuttströme (Lahare) produzierte, forderte 180 Todesopfer.[95] Die wirkliche Gefahr des Sorikmerapi liegt nicht so sehr in seiner vulkanischen Aktivität, sondern eher in dem Auftreten einer Verwefung zusammen mit einigen kleineren Gräben, die quer über seine östlichen Hänge verlaufen. Große Erdrutsche, wie die von 1915, werden durch die andauernde Aktivität dieser Sibonggar-Verwerfungszone verursacht.[96]

Der Geologe Prof. Dr. Carl Wilhelm C. Fuchs (1837-1886) hat vom Jahr 1872 an mehr als zwei Jahrzehnte lang Nachrichten über vulkanische Ereignisse gesammelt und veröffentlicht. Nach seinem Tod fand sich zunächst niemand, der Lust hatte, die Arbeit fortzuführen.[97] S. Knüttel in Stuttgart hatte dann die von Prof. Fuchs bis zu dessen Tode gelieferten Zusammenstellungen der vulkanischen Ereignisse des Jahres aufgenommen und eine solche Zusammenstellung für das Jahr 1892 geliefert. Dabei hatte er sich auch mit dem katastrophalen Ausbruch des **Gunung Awu** am 7. Juni **1892** befasst.

Von diesen Überlieferungen machte der Geologe und Paläontologe Prof. Dr. Wilhelm Branco (1844-1928) in seinem Buch über „Schwabens 125 Vulkan-Embryonen" (1894) Gebrauch:[98] „Auch S. Knüttel berichtet von den Schlammtuffströmen, welche dem Gunung Awu auf Groß-Sangir am 7. Juni 1892 entquollen: ‚Die armen flüchtenden Einwohner wurden nicht nur von den fallenden Steinen bedroht, sondern auch von dem heißen Schlamm mit schauderhaften Brandwunden bedeckt. ‚Daß auch hier der Schlammtuff durch den Ausbruch eines Kratersees hervorgerufen wurde, ist sicher gestellt, wie Knüttel auf S. 269 sagt. Das geht auch daraus hervor, daß der Ausbruch mit Schlammtuffströmen begann und dann zu trockenem Aschenregen überging, offenbar, als der See ausgelaufen war. Wäre das Wasser aus der Tiefe heraufgekommen, so ist kein Grund, einzusehen, warum das nicht angehalten haben sollte. Wie verheerend solche Schlammtuffströme wirken können, beweist der Ausbruch vom 2.–17. März 1856, desselben Vulkanes, bei welchem 3000 Menschen durch das mit rasender Geschwindigkeit herabstürzende kochende Wasser, bezw. Brei, ihr Leben verloren.“

Viele der philippinischen Vulkane sind immer noch aktiv, wie der **Mayon** (Luzon), der im 19. Jahrhundert etwa 15 starke Eruptionen hatte (1814, 1871, 1881). Seine letzte Eruption vom 23. Juni **1897** war so heftig, dass die Lava mehr als 35 Kilometer entfernt an die Küste floss. An jenem 23. Juni begann der längste Ausbruch des Mayon in der Geschichte, er offenbarte sich als eine Reihe von fast endlosen titanischen Explosionen, die für sieben Tage anhielten. Asche- und Gesteinsbrocken regneten auf die Umgebung herab. Der Mayon-Ausbruch verwüstete die Dörfer Bagacay, Libog, San Antonio, Misericordia, Santo-Nino und San Roque, deren mehr als 300 Einwohner umkamen.

Überlebende des Mayon-Ausbruchs von 1897 hatten das Gefühl, dass „das wirklich die Strafe Gottes für uns war“, die „akzeptiert werden müsse, weil wir Dir wahrscheinlich nicht gehorcht haben“ und dass „wenn Du uns wirklich nehmen möchtest, selbst wenn wir so schnell rennen wie Blitz und Donner, werden wir dennoch sterben … aber wenn Du mir immer noch Leben geben willst, selbst wenn ich mich nicht mehr von Verbrennungen und Schmerzen befreien kann, werde ich nicht sterben“.[99]

## Australien und Neuseeland

Der 1111 Meter hohe **Mount Tarawera** ist ein aktiver Vulkan auf der Nordinsel von Neuseeland. Er befindet sich im Zentrum der Taupo-Volcanic-Zone, liegt in einem Seengebiet und ist Teil der Okataina-Caldera. Sein Ausbruch in den ersten Morgenstunden des 10. Juni 1886 war die bedeutendste Eruption seit Ankunft der Europäer in Neuseeland, ihr fielen 153 Menschen zum Opfer.

Die gewaltigsten aller Eruptionen, welche die Vulkangeschichte zu verzeichnen weiß, sind jene nach langen Ruhepausen plötzlich hereinbrechenden Gas- und Dampfexplosionen, wie sie sich am Krakatau (1883), am Tarawera (**1886**) und am Mont Pelée (1902) ereigneten. Der Ausstoß einer über zehn Kilometer hohen Aschesäule beeinflusste das Klima der halben Erde. Sieben Maori-Dörfer wurden dem Erdboden gleichgemacht, und die damals größte Touristenattraktion, weiße und rosa Sinterterrassen, wurden unwiederbringlich zerstört. Die gesamte Region wurde durch diesen verheerenden Ausbruch umgestaltet. Es heißt, dass 147 Maori und sechs Europäer bei dieser Eruption ihr Leben verloren haben sollen. Die meisten Todesopfer soll der Einsturz von Hausdächern unter der Tephra-Last nach sich gezogen haben.[100]

Der Tarawera-Ausbruch von 1886 gilt als das größte Vulkanunglück in Neuseeland seit Aufzeichnung der Daten. Das „Geologische Jahrbuch“ fasste 1980 die damaligen Ereignisse zusammen:[101] „In historischer Zeit, wobei auch die Herrschaft der Maoris mit eingeschlossen ist, war keine gravierende Tätigkeit zu bemerken, bis am 10. Juni 1886 urplötzlich die gewaltige Katastrophe hereinbrach. Von einer Vorwarnung kann man nicht sprechen, als sich vom 1. Juni ab bei Te Wairoa infolge von Bodenhebungen kleine Spalten öffneten. Dann aber rollten die Ereignisse in wenigen Stunden ab. Am 10. Juni um 2.10 Uhr schreckte ein starker Erdbebenschwarm die Bewohner auf, wonach unmittelbar der Berg explodierte und eine 9,5 km hoch geschätzte Aschenwolke ausstieß. Um 2.30 Uhr riß die über 7 km lange Spalte quer durch das Tarawera-Massiv auf und spie glühende Asche aus basaltischem Mantelmaterial. Um 3.20 Uhr öffnete sich die Spalte weiter nach Westen quer durch den alten, nur etwa 800 m langen Rotomahana-See. Um 3.30 Uhr hatte sich die Spalte auf 17 km Länge erweitert, wodurch sich das gesamte heutige Waimangutal bildete; damit war auf Neuseeland eine vergleichbare Dimension zu der 30 km langen, bis 270 m tiefen Eldgjá-Spalte auf Island erreicht."

Die Vulkaninsel **Ambrym**, auch als „Juwel des Pazifiks" bezeichnet, ist eine zum ozeanischen Staat Vanuatu gehörende Insel der Neuen Hebriden im Südwestpazifik. Die letzte große Eruption am 7. Dezember 1913 tötete Hunderte und öffnete eine Bruchlinie über die Insel von Osten nach Westen in einer einzigartigen Reihe von ausgeblasenen Kratern. Die beiden Vulkane Mt. Marum (1230 Meter) und Mt. Benbow (1132 Meter) sind heute noch aktiv.

Über die vulkanische Aktivität auf der Insel verlautet 1923 im „Neuen Jahrbuch für Mineralogie, Geologie und Paläontologie":[102] „Von Ambrym sind folgende Eruptionsjahre bekannt: 1820(?), 1870, 1888-84, 1888, 1894. Erst während der vorletzten Ausbruchsperiode, Oktober und November **1894**, hatte sich der Hauptvulkan der Insel, Mt. Benbow, 2000 Fuß, aktiv gezeigt (s. Geograph. Journ. 8)."

Die am 15. Oktober 1894 begonnene eruptive Phase dauerte bis zum 10. Februar 1895 an. Darüber heißt es im „Geographischen Jahrbuch" (1897): „H. E. Purey-Cust beschreibt den großartigen Lavaausbruch vom 16. Oktober 1894 auf der Insel Ambrym. Die Eruption ging nicht aus einem der beiden mächtigen Krater der Insel vor sich, sondern am Nordwestabhang des Bembow (sic!), des westlichen der beiden Krater." Und in der „Zeitschrift der Deutschen Geologischen Gesellschaft" (1939):[103] „Auf Ambrym ist das tätige Zentrum der Doppelvulkan Marum-Benbow, gegenwärtig ist der 1132 m hohe Benbow allein tätig. Der letzte große Ausbruch erfolgte hier im Juni — Juli 1929 und förderte bedeutende Mengen schlackiger Labradorbasaltlava, welche (ähnlich 1894 und 1913) an der Westküste ins Meer floß."

Zur Opferzahl heißt es 1907 in der Publikation „The Great Pyramid Jeezeh" (Jahr-Ort-Todesopfer):[104] „1894–(Oct. 16) Volcanic eruptions on Ambrym Island, New Hebrides; life loss – 60"

## „Über Synchronismus und Antagonismus von vulkanischen Eruptionen und die Beziehungen derselben zu den Sonnenflecken und erdmagnetischen Variationen" (1863)

Der Lehrer an der Königlichen Höheren Gewerbeschule zu Chemnitz Dr. Emil Kluge (1830-1864) befasste sich in seinem etwa 100-seitigen Werk „Über Synchronismus und Antagonismus von vulkanischen Eruptionen und die Beziehungen derselben zu den Sonnenflecken und erdmagnetischen Variationen" (1863) mit den im ausgehenden 18. und 19. Jahrhundert weltweit stattgefundenen Erdbeben und Vulkanausbrüchen.[105] Nur bei ihm wird der wohl letzte größere Ausbruch des Mount Rainier im US-Staat Washington am 23. November 1843 beschrieben.[106]

*„Am 3. Januar 1836 machten mehrere Vulkane auf Mindanao nach einem heftigen Erdbeben einen starken Ausbruch. Bei dem großen Erdbeben zu Manila am 16. September 1852 sollen der Albay und Taal zu gleicher Zeit in Thätigkeit gewesen sein, während nach einer andern weiter unten angeführten Nachricht Antagonismus zwischen beiden geherrscht habe.*

*Im Archipel der Molukken finden wir folgende gleichzeitige Ausbrüche:*

*Am 11. Juni 1820 fand um 11½ Uhr Morgens ein starker Ausbruch des Vulkans Gunong Api auf Groß-Banda statt. Um 2 Uhr Abends drang eine Masse brennender Steine mit außerordentlicher Gewalt aus dem Vulkane hervor und setzte beim Herabfallen Alles, worauf sie traf, in Flammen. Die durch den Ausbruch verursachten Stöße waren so stark und folgten sich so rasch, daß die Häuser und selbst die Schiffe, die sich an der Küste fanden, deren Wirkungen spürten. Der Rauch und die Asche, welche der Krater ausspie, hatten bald die Umgebung des Berges und selbst die entfernten Orte verdunkelt. Die Stöße nahmen gegen Abend von neuem an Stärke zu und die Steine wurden bis zur doppelten Höhe des Berges geschleudert, der mit Feuerströmen bedeckt erschien. Das Schreckliche dieses Schauspiels wurde noch durch ein Erdbeben, welches Abends eintrat und durch einen heftigen Sturm gesteigert. Der Ausbruch des Berges dauerte am 12. während des ganzen Tages fort. Der Rauch und die Asche bedeckten Neira und Lantoir bis zur Mitte des Parks von Bogauw. Nordwestlich vom Berge hatte sich eine neue Öffnung gebildet, aus welcher Steine, so groß wie die Wohnungen auf Banda, hervorkamen; doch erfolgte der Hauptausbruch durch die alte Öffnung. Auf der Westseite der Insel befand sich damals noch eine weite vom Meere erfüllte Bucht. In dieser erhob sich eine Masse schwarzen Gesteins, welches gegenwärtig ansehnlich über die Meeresfläche hervorragt und, die genannte Bucht ausfüllend, sich mit dem Fuße des Berges verband. Merkwürdig genug erfolgte jene Erhebung des Bodens ohne alles Geräusch und die Bewohner der benachbarten Insel Neira, welche auf der entgegengesetzten Seite des Berges liegt, erhielten von dieser Erscheinung erst Kenntniß, als sie das Meer sich erhitzen sahen und die Erhebung schon vollendet war. Im folgenden Jahre war der Boden noch sehr stark erwärmt und die neue erhobene Masse stieß siedend heiße Dämpfe aus. Die Bergmasse bestand aus Basalt ohne Vermischung mit Asche und Lapilli. An der Basis des Gunong Api konnte man deutlich sehen, daß der größte Theil dieser Felsarten aus dicken Schichten bestand, welche eine geneigte Lage hatten, und zwar so, daß die Mitte derselben aufgerichtet und gekrümmt erschien. Leider finden wir nicht erwähnt, ob die Erhebung gleichzeitig, kurz vor, oder nach dem Ausbruche des Vulkans erfolgte; doch scheint der Gunong Api ganz ruhig gewesen zu sein, als dieselbe stattfand. – Ein ganz gleichartiges Ereigniß trug sich um jene Zeit an der Küste von Ternate zu. Die Masse des dort emporgehobenen Gesteins war völlig dieselbe wie auf Banda. Sie ragt am Abhange des Berges dieser Insel aus dem Meere hervor.*

*(...)*

*Am 18. April 1824 Öffnung eines neuen Kraters auf der Insel Amboina, der noch am 14. Mai thätig war und am 22. April Öffnung eines neuen Kraters am Gunong Api auf Groß-Banda.*

*Auf der langgestreckten, bogenförmig von Sumatra über Java nach den Key-Eilanden verlaufenden Vulkanreihe fallen, namentlich auf Java, sehr viele Vulkanausbrüche der Zeit nach zusammen, wenigstens in dasselbe Jahr, viele in denselben Monat. Ein besonderes Gesetz, daß gewisse Vulkane immer gleichzeitig Eruptionen haben, macht sich nicht bemerkbar, obwohl bei späteren vollkommenen Verzeichnissen sich vielleicht ein solches auffinden läßt. Auffällig ist z. B. daß im Jahre 1825 der Bromo, Slamat und Gedeh Eruptionen hatten und 1835 wieder dieselben drei Vulkane. Ähnliche Beispiele finden sich in der weiter unten mitgetheilten Übersicht noch mehrere. Das auffälligste Beispiel von simultanen Eruptionen, welches das oben bei den Philippinen mitgetheilte vielleicht noch an Großartigkeit übertrifft, ist das aus dem Jahre 1772. In der Nacht vom 11. zum 12. August dieses Jahres hatte nämlich der Papandayang den verheerendsten Ausbruch, der überhaupt in historischen Zeiten die Insel Java betroffen hat und bei welchem ein großer Theil dieses Berges und des anliegenden Landes versank. Der versunkene Landstrich soll 15 englische Meilen lang und 6 breit gewesen und 40 Dörfer und 3000 Menschen dabei untergegangen sein. Vor dieser Katastrophe hatte der Berg eine Höhe von 9000 Fuß, jetzt beträgt sie nur noch 5000 Fuß. In derselben Nacht entflammten sich aber auch noch zwei andere Vulkane, der Tjerimaï und der Slamat, welche in gerader Linie 46 und 88 geographische Meilen von Papandayang entfernt liegen. Nach HORSFIELD hatte auch der Gedee in dieser Nacht eine heftige Eruption.*

*Am 2. Januar 1843 1h 15' Morg. 2 leichte Erdstöße zu Manila. Am 4. Januar dieses Jahres (gerade 202 Jahre nach dem eben geschilderten merkwürdigen Ausbruche auf den Philippinen) gegen Mitternacht zwei Erdstöße zu Malacca und Singapore. Den nämlichen Tag von 9h Morg. bis 2h Ab. Eruption des Guntur auf Java. In der Nacht vom 5. zum 6. Januar furchtbare Erdstöße auf der Insel Nias und der gegenüberliegenden südwestlichen Küste von Sumatra, namentlich zu Baros. Die Stöße traten ohne alles unterirdische Geräusch ein, zu Baros um 11½ Uhr Abends und zu Sitoli (Nias) gegen Mitternacht. An beiden Puncten gingen sie von SW nach NO, also rechtwinkelig zur Längsaxe von Sumatra. Anfangs ziemlich schwach auf der Insel Nias verstärkten sie sich von Secunde zu Secunde bis zu einer Heftigkeit, daß man die Richtung derselben nicht mehr un-*

terscheiden konnte. *Sie folgten sich dann mit einer solchen Schnelligkeit, daß die Erde in unaufhörlichem Beben war; dies dauerte 9 Minuten, worauf sie sich in Zwischenräumen von 2 zu 2 Minuten bis 4½h Morgens wiederholten. Von da an verminderte sich die Stärke der Erschütterungen: dieselben dauerten, obwohl leicht noch mehrere Tage fort. Nach französischen Berichten wiederholten sie sich auf der Westküste von Sumatra sehr stark wieder am 11. Januar. – Die Nacht vom 5. zum 6. Januar war prächtig, das Meer ruhig. Mit einem Male aber bewegte sich ungefähr eine Stunde nach den stärksten Stößen um 12½ Uhr eine furchtbare Woge, von SO kommend und Alles mit sich fortreißend, mit erschreckendem Geräusch über die ganze Küste der Insel Nias auf der Seite von Sitoli, während sich zu gleicher Zeit eine nicht weniger schreckliche Welle, aber von SW kommend, begleitet von donnerähnlichem Getöse auf Baros stürzte. Man fand später 3 Schiffe im Lande in einer Entfernung von 1900 Fuß vom Ufer etc. Das Erdbeben selbst breitete sich bis Singapore und Penang aus, wenigstens hat man an beiden Orten am Januar früh um ½1 Uhr einen leichten Stoß gefühlt. – Am 8. Januar gegen Mitternacht fand wieder ein leichter Erdstoß zu Penang statt und an demselben Tage um 2½h Abends ein Erdbeben zu Singapore. Man bemerkt von dort, daß nach diesen verschiedenen Stößen das Wetter schlecht wurde und daß man bis zum 15. Januar zahlreiche und starke Stürme hatte. – Am 16. Januar erneuerte Eruption des Bromo auf Java. Am 18. Januar um 11¾h Morgens heftiger Erdstoß auf Amboina. Am 23. Januar um 10% Uhr Morgens Eruption des Gedee auf Java. Am 6. Februar gegen 11h Abends prachtvolle Eruption zu Kyouk Phyoo auf der Insel Ramri an der Küste von Arracan; sie dauerte nur bis 1½ Uhr Morgens. – Am 8. Februar 2h Morgens vier leichte Erdstöße zu Ahmedabad (Gudjerat); an demselben Tage das furchtbare Erdbeben auf den Antillen, wodurch Pointe-à-Pitre zerstört wurde und dessen Stöße sich bis zum 17. März wiederholten, an welchem Tage der submarine Ausbruch zwischen der östlichen Spitze von Marie Galante und Guadeloupe stattfand. In der Nacht zum 17. Februar erhoben sich im Süden der Insel Gili Genting, der Südostküste der Insel Madura gegenüber, also im Norden des Vulkans Ringgit auf Java zwei Felsen aus dem Meere. Am 18. Februar um 2h Abends endlich ein starker Erdstoß auf Amboina. (Es ist bei dieser auffälligen Häufung von Eruptionen, die sich auch das übrige Jahr hindurch mit Erdbeben fortsetzt, wieder daran zu erinnern, daß das Jahr 1843 ein Minimaljahr der Sonnenflecken war).*

*Am 28. Juli 1843 um 11½ Uhr Abends Eruption des Gedee auf Java. In den letzten Tagen des Juli Erhebung einer neuen Insel nicht weit von Ramri und Cheduba an der Küste von Arracan. Der feurige Ausbruch (le feu), dem ein Erdbeben vorausging, dauerte vier Tage (26.-29. Juli). Die Insel, welche zwischen Flat Rock und Round Rock erschien, verschwand nach Verlauf eines Monats wieder.*

*Vom September bis Ende des Jahres 1844 starkes unterirdisches Getöse auf der Insel Sorea. Der Gelelala war in Eruption. Vom 25. bis 27. September Eruption des Semiru auf Java.*

In der Nacht vom 17. zum 18. März 1847 Eruption des Gedeh auf Java. Am 20. März um 6½h Morgens sehr starker Erdstoß zu Banjoemas. Den nämlichen Tag (20.) Eruption des benachbarten G. Slamat und am 26. März Eruption des Lamongan auf Java, der seit dem Jahre 1844 in Ruhe war; die letztere dauerte bis zum 26. Juni.

Vom 25. September bis Ende October 1847 starke Eruption des Lamongan. Vom 16-18. October Eruption des Guntur und in der Nacht vom 17. zum 18. October Aschenausbruch des Gedeh. – Am 28. September ein leichter Erdstoß zu Batavia. Am 17. October Vormittags ein leichter Stoß zu Buitenzorg und in den Umgebungen des Gedeh. Den nämlichen Tag zwischen 8 und 9 Uhr Abends ein Stoß zu Tjikalong und Pesawahan (Reg. Preanger, Java). Am 18. October um 1¼h, 1½h und 8h Abends und am 19. mehrere Stöße zu Tjandjoer in der nämlichen Regentschaft.

Vom 13.-15. September 1849 Einsturz des Pic Lamongan, ein neuer Krater hatte sich an der Nordseite unter dem alten geöffnet. Vom 14. September 11h Abends bis zum 15. um 3h Abends starke Eruption des Merapi.

Am 6. October 1849 war der Vulkan auf Poeloe Komba (7° 48' s. Br. und 123° 34' 45" ö. L.) in voller Eruption; dicke Rauchsäulen stiegen aus seinem Gipfel, während Lavaströme sich bis zum Ufer des Meeres stürzten. Am 7. October warf der Pic von Lobetolle auf der Insel Lomblen (8° 12' s. Br. und 123° 45' ö. L.) viel Rauch aus.

Am 2. October, 2. und 9. November 1855 Eruptionen des Merapi auf Sumatra. Am 8. November heftiges Erdbeben auf Java, wobei der Merapi (auf Java) starken Rauch ausstieß.

Eine gleichzeitige Eruption des Merapi mit dem Bromo auf Java endlich am 29. December 1822 ist schon oben mitgetheilt worden.

Von gleichzeitigen Eruptionen zwischen den Vulkanen der Philippinen, Molukken und Sundainseln und weit von Indien entfernten Vulkanen dürften nur noch folgende anzuführen sein:

Am 27. November 1849 um 3h Morgens Eruption des Gamalama auf Ternate. Am 1. Dec. von 4-6 Uhr Abends Aschenregen in der Residentschaft Tegal auf Java, der wahrscheinlich vom Slamat kam. In den letzten Tagen des November Aschenauswurf des Purace, der bis Popayan ging. Im December Schlackenauswürfe des Sangay, deren Herr WISSE in einer Stunde 267 zählte (Kosmos. 4 Bd. pag. 230).

Am 23. November 1843 heftiger Ausbruch des Mount Rainier (Nordwestl. Amerika). Am 25. November Ausbruch des Aetna und an demselben Tage von 4½h Morgens bis 8 Uhr Abends Eruption des Guntur auf Java.

Am 22. April 1845 Eruption des Gunong Salassi auf Sumatra. Vom 22. bis 25. April Eruption des Vesuv.

Ferner dürften noch hier die furchtbaren Ereignisse aus dem letzten Drittel des Jahres 1852 anzuführen sein, welche so umfassender und großartiger Natur sind, daß, wenn man weite Ausdehnung und außerordentliche Kraftäußerungen unterirdischer Störungen als Beweise für ein allgemeines feurig-flüssiges Erdinnere betrachtet, dieselben unter allen bis jetzt stattgefundenen Erscheinungen dieser Art unbedingt an der Spitze stehen müßten. Ich kann es mir nicht versagen, bei der großen Bedeutung jener Störungen, dieselben hier vom 20. August an, chronologisch, im Wesentlichen nach den Katalogen des unermüdlichen PERREY, aufzuführen, und zwar um so mehr, als sie eigentlich noch nicht so bekannt und beachtet worden sind, als sie wohl verdienen.

*August 1852.*

20. Um 8h 36' Morgens äußerst heftiges Erdbeben zu Santiago de Cuba, welches 8 Secunden dauerte. Unter den zahlreichen Stößen, dieses Tages bezeichnet man noch welche um 8h 40', 9h 18' und 10h Morgens, ferner um 1h 12', 2h 58' und 5h 31' Abends. –

– Um 8h 38' Morgens ein Stoß zu Falmouth und Montego-Bay (Jamaika); ein anderer um 9h Morgens; zwischen 8 und 9 Uhr Morgens auch eine heftige Erschütterung von N nach S zu Kingston.

21. Um 0h 25' Morgens ein schwacher und um 3½ und 5h Morgens zwei sehr heftige Stöße zu Santiago de Cuba. Die Atmosphäre blieb dabei in tiefer Dunkelheit, was dazu beitrug den Schrecken zu vermehren; der Himmel war bedeckt, regnerisch, von düsterem Aussehen. Die Stöße dauerten den ganzen Tag über mit größerer oder geringerer Heftigkeit fort und man kann sagen, daß bis zum Morgen des 22. die Erde in dauernder Bewegung blieb, und daß sich die Stöße ziemlich regelmäßig von halber zu halber Stunde unter starkem Getöse erneuerten. Um 0h 25' Abends fand ein Stoß statt, der sich wieder über die ganze Insel verbreitete und einige Augenblicke darauf sich in beinahe unmerkbarer Weise wiederholte. Als sehr heftige Stöße bezeichnet man noch die um 4h 50' Abends und 9¼h Abends. Man schätzt den Schaden, der durch dies Erdbeben hervorgebracht wurde auf 2 Millionen Piaster.

21. Um 3h 40' Morgens 3 Stöße zu Falmouth und Montego-Bay.

– Vollständig gleichzeitig mit diesem Erdbeben in der Nacht vom 20. zum 21. August begann die Eruption am Aetna im Val del Bove, im Westen der Dörfer Zafarana, Caselle und Milo auf der Ostseite des Vulkans. Dieselbe begann am 21. um ½1 Uhr Morgens und dauerte mit verschiedenen Phasen der Wiedererneuerung, von denen die vom 23. bis 29. September die stärkste war, bis zum November.

22. Um 5h 52' Morgens zwei leichte Erschütterungen zu Santiago de Cuba.

– Erdstoß zu Spanish-Town auf Jamaika, begleitet von heftigem Regen, dem eine drückende Wärme folgte.

25. zwischen 2 und 3h Morgens Erdbeben zu Aiken (S.-C.) und Augusta (Georgien).

26. bei Sonnenuntergang 5 Erdstöße zu Ramazan und den benachbarten Dörfern (Türkei und Griechenland).

– ?nach1h Morgens starkes Erdbeben zu Tiflis.

28. *um 2h 6' Morgens neuer Erdstoß zu Santiago de Cuba, beinahe eben so stark als die am 20., 21. und 22. und stärker als die folgenden Tage.*
  – *2 Stöße zu Gonaïves (Haiti).*
29. *um 0h 44' Abends neue Stöße zu Santiago de Cuba, welche, obwohl leicht, doch die Bestürzung vermehrten.*
30. *um 1¾h Morgens ein Erdbeben zu Palma (Majorka) und einigen benachbarten Dörfern, welches beinahe eben so heftig als das vom 15. Mai 1851 war. Die zahlreichen Stöße, welche demselben folgten, zwangen die Bevölkerung sich auf die öffentlichen Plätze und das freie Land zurückzuziehen.*
  – *um 9h Abends Getöse zu Coquimbo von 50 Secunden Dauer; darauf ein Erdbeben von Ost nach West.*
  – *um 9h 17' Abends beinahe unmerklicher Erdstoß zu Santiago (Chile).*

*September 1852.*

2. *gegen 2¾h Morgens zu Coarraze (Basses-Pyrenees) und in dem ganzen Thale des Gave bis Cauterets ein Erdstoß von einigen Secunden Dauer, dem ein anhaltendes Getöse folgte.*
  – *um 2¾h Morgens zu Coquimbo ein starker Stoß von Ost nach West, dem ein großes Getöse voranging; um 4 Uhr Abends ein viermaliges Gebrüll in Zwischenräumen von 5 Secunden; nur das letzte war von einer merkbaren Bewegung der Gebäude begleitet.*
2. *4-7 starke Erneuerung der Eruption des Aetna.*
3. *um 9½h Abends heftiges Getöse zu Perth (Schottland), welches Thüren und Fenster erzittern ließ und dem eine Viertelstunde nachher ein glänzender Blitz und ein Donnerschlag folgte. Das Ungewitter dauerte 20 Minuten. Das Getöse wurde unzweifelhaft von einem leichten Erdstoße begleitet, den man überall in der Umgebung fühlte.*
5. *Erdstoß zu Santiago de Cuba und um 11¼h Morgens in der Sierra Maestra.*
  – *um 3h Morgens starker Stoß von O nach W zu Coquimbo von 65 Secunden Dauer; von 7-11h Morgens noch 3 andere Stöße.*
8. *gegen 10½h Abends ein Erdstoß zu Smyrna von NW nach SO von 7 Secunden Dauer. Das Meer stieg, obwohl der Wind nicht wehte schon vor 10½h. Die Erschütterung wurde von einem heftigen Windstoße und schrecklichem Geheul der in den Straßen zerstreuten Hunde begleitet.*
9. *gegen 6h Morgens Erdstoß zu Rossano (Calabrien) von 2 Secunden Dauer.*
11. *Erdstoß zu Rossano (Calabrien).*
  – *gegen 6½h Morgens ein starker Stoß am Mont d'Or (Provinz Andalusien).*
  – *um 4½h Abends zwei starke Erdstöße zu Coquimbo ohne Getöse; der erste vertical und von 6 Secunden Dauer; der zweite von NW kommend. –*
  – *um 4h 38' Abends leichter Stoß zu Santiago (Chile).*
12. *gegen 3h Morgens leichter Stoß zu Smyrna.*
  – *um 4h 6' Abends zwei leichte Stöße zu Santiago (Chile).*
  – *um 10h 45' Abends einige Stöße von NNW-SSO zu Banjoemas (Java).*

13. *um 8h 2' Morgens ein Erdstoß zu Coquimbo.*
14. *um 2½h Morgens ein leichter Stoß zu Smyrna.*
16. *um 6½h Abends Oscillationen des Bodens zu Manila, deren Intensität sehr schnell wuchs und zuletzt in ein heftiges Zittern von einer, nach Andern von 3 Minuten Dauer überging. Dieses erste Erdbeben beschädigte eine Menge Häuser; 5 andere Stöße folgten während der Nacht, nach andern Berichten wiederholten sie sich von Stunde zu Stunde, nicht nur während der Nacht, sondern bis zum 19., indem sie allmählich kürzer und schwächer wurden. Den ersten Stößen ging absolute Windstille und drückende Wärme voraus und die See war phosphorescirend; im Augenblicke derselben rieselte ein feiner Regen von kurzer Dauer herab und das Wasser in den Brunnen stieg mit einem Male zu großer Höhe. Das Thermometer zeigte 23° und das Barometer 29P 82. Eine spanische Brigantine, welche von China kam, fühlte den ersten Stoß auf 17° 30' n. Br. und 118° 50' ö. L. v. Gr. Eine französische Fregatte erlebte zu gleicher Zeit eine dreitägige Windstille bei drückender Wärme. Um 8h 10', 10h 15' und 11h Abends fanden neue sehr heftige Stöße statt, deren man überhaupt an diesem Tage 19 zählte. Die Vulkane Albay und Taal waren dabei in beständiger Eruption. 47. Neben vielen andern Stößen zu Manila fanden sehr heftige statt um 4h, 9h, 10¼h und 11¼h Morgens. Dieselben wiederholten sich überhaupt bis zum 30. September sehr zahlreich.*
–   *und 18. September in Folge furchtbarer Regengüsse verheerende Überschwemmungen im Rheinthal; am 18. will man während eines sehr heftigen Regens einen Erdstoß zu Basel gefühlt haben.*
18. *3h Morgens Erdstoß zu Abingdon (Virg.). Den nämlichen Tag auch ein Erdbeben auf den Antillen.*
19. *heftige Erschütterungen zu Bayazid zwischen dem Ararat und dem See von Wan.*
20. *ein bemerkenswerther Stoß zu Santiago de Cuba, wo sie überhaupt während des ganzen Monats sehr zahlreich waren. – In den Tagen vor dem*
21. *furchtbare Regengüsse und Überschwemmungen in Unteritalien.*
22. *7h Morgens schwacher Stoß zu Nizza.*
–   *um 11h Morgens Erdbeben zu Erie (Pennsylvanien).*
23. *um 9h Abends heftiges Erdbeben auf der Insel Decima (Bai von Nangasaki).*
–   *bis 27. furchtbare Regengüsse auf Sicilien und Erneuerung der Eruption des Aetna.*
25. *sehr heftiger Erdstoß auf der Halbinsel Camarines (Luzon), die bei den Erschütterungen vom 16. September nur wenig gelitten hatte, der aber zu Manila kaum bemerkbar war.*
30. *um 5h 30' Morgens Erdbeben zu Coquimbo.*

## „Mineralogische Mittheilungen" (1874)

Prof. Dr. Carl Wilhelm C. Fuchs berichtete in den „Mineralogischen Mittheilungen" 1874 über die vulkanischen Ereignisse des Jahres 1873.[107]

*VI. Bericht über die vulkanischen Ereignisse des Jahres 1873.*

*Von C. W. C. Fuchs.*

### A. Eruptionen.

*Unsere europäischen Vulkane haben sich im Jahre 1873 ziemlich ruhig verhalten. Von außer-europäischen Vulkanen sind nur drei Eruptionen bekannt geworden, und die Nachrichten darüber sind so äußerst dürftig, daß nicht viel mehr, als das Ereigniß selbst zu berichten bleibt. — Von einem vierten, bisher unbekannten Vulkane, wurde ebenfalls ein Ausbruch gemeldet, doch wird man bei der großen Ungenauigkeit und Dürftigkeit der Nachricht gut thun, seine Existenz noch in Frage zu stellen, bis wirklich klare und bestimmte Berichte darüber zu uns gelangen.*

*Vesuv.*

*In der ersten Jahreshälfte war der Vesuv in sehr schwacher Thätigkeit. Fumarolendämpfe entwickelten sich an zahlreichen Stellen des äußeren Kegelabhanges und aus den inneren Kraterwänden, während die Thätigkeit des Kraterbodens sich sehr gering zeigte; Bocca war keine vorhanden. Die Erscheinungen boten im Ganzen das Bild eines erloschenen Vulkans. Nur Mitte Mai ward der Berg etwas unruhig. Am 20. Mai konnte man hie und da sein Brüllen in Neapel hören, und aus dem Hauptkrater stiegen von Zeit zu Zeit Rauchwolken auf. — Viel erregter war der Zustand in der zweiten Jahreshälfte. Starker Rauch stieg besonders aus dem nordöstlichen Krater auf und zwar aus dessen Boden, nicht, wie früher, aus den Kraterwänden. Die sich steigernde Lebhaftigkeit der Rauchentwicklung veranlaßte Palmieri schon im October 1873, den baldigen Eintritt einer Eruption zu prophezeien; — allein die Eruption kam nicht. Die Entwicklung von Dämpfen nahm gegen Ende des Jahres noch stärker zu, und dies bewog Palmieri am 2. Jänner 1874 abermals eine baldige Eruption zu prophezeien. Gegenwärtig — nach mehr als acht Wochen — ist dieselbe noch nicht eingetroffen. Wäre es nicht besser, einfach die Thatsachen zu berichten, ohne Prophezeiungen damit zu verbinden? Es kann doch kein Ruhm sein, sechs- und siebenmal falsch zu prophezeien, um dann, wenn am achten Mal zufällig die Voraussetzung eintrifft, den Schein eines genauen Verständnisses der vulkanischen Vorgänge sich zu sichern. Die Erscheinungen, wie sie der Vesuv 1873 bot, können eben zwei- oder dreimal unter zehn Fällen in wirkliche Eruptionen übergehen, während sie sieben- oder achtmal sich nicht zu einem wirklichen Ausbruch steigern, und wir besitzen kein Mittel, den wirklichen Verlauf vorauszusehen. Voraussagungen auf diesem Gebiete haben denselben Werth, wie alle anderen Prophezeiungen.*

### Skaptar-Yökul.

*Vom 9. bis 13. Jänner 1873 hatte der Skaptar-Yökul, dieser durch die heftigsten Eruptionen auf Island ausgezeichnete Vulkan, wieder einen Ausbruch. Derselbe war auch diesmal sehr bedeutend, und heftiger wie die letzte, im Jahre 1867 auf Island vorgekommene Eruption. Der Skaptar hat, wie es scheint, seit der berühmten und furchtbaren Eruption von 1783 bis jetzt keine weitere Eruption gehabt. Er liegt nur etwa 30 Meilen von Reykiavik und dennoch ist nur wenig über diese Eruption bekannt. Nach englischen Berichten war die Stelle der Eruption südlich vom Vatna Yökul, und dort liegt eben der Skaptar. Nach Anderen, jedoch weniger wahrscheinlich, soll der Ausbruch im Ostlande, nördlich vom Vatna, aus einem unbekannten Krater stattgefunden haben.*

### St. Vincente.

*Der Vulkan S. Vincente in Chile gerieth am 12. Jänner in Eruption. Nach heftigen Erderschütterungen, die sich 14—20 Minuten lang in starken Stößen wiederholten, wodurch große Felsblöcke losgelöst und tausend Meter weit fortgeschleudert wurden, erhob sich eine gewaltige Säule aus Rauch, Asche und vulkanischen Schlacken, und es verbreitete sich ein Schwefelgeruch. Der Himmel war durch dichten Rauch verfinstert, bis sich um 4 Uhr Nachmittags eine Feuersäule erhob. Das Städtchen Taguatagua soll durch die Eruption beträchtlich gelitten haben.*

*Der S. Vincente ist einer von den chilenischen Vulkanen, dessen Namen uns bisher unbekannt geblieben war. Da sich aber dieser Name in den spanischen Theilen von Amerika häufig wiederholt, und die Angaben über die Eruption vom 12. Jänner so bestimmt und genau sind, so muß man annehmen, daß einer von den vielen selten thätigen Vulkanen Chile's, deren Namen nur in ihrer nächsten Umgebung bekannt ist, wirklich diesen Namen trägt, wenn nicht die Bezeichnung S. Vincente, ein zweiter, localer Name ist, wie das oft dort vorkommt, für einen gewöhnlich unter anderem Namen bekannten Vulkan. (Man könnte an eine Verwechslung mit dem bekannten Vulkan S. Vincente in S. Salvador denken, wo in diesem Jahre die gleichnamige Stadt durch Erdbeben zerstört wurde. Allein jene Erdbeben ereigneten sich erst am 4. März und der Isalco soll gleichzeitig in Eruption gerathen sein.)*

### Isalco.

*Dieser stets thätige junge Vulkan hatte am 4. März, während eines großen Erdbebens, welches in S. Salvador, besonders verheerend aber in der Stadt St. Vincente auftrat, eine bedeutende Eruption.*

### Nevada Vulkan.

*In der Nähe von Eureka in Nevada (Vereinigte Staaten) soll seit 23. November 1873 ein Vulkan in Eruption begriffen sein. Dem Anscheine nach erloschene vulkanische Gebiete waren schon bisher in den dortigen Gebirgen bekannt, aber kein thätiger Vulkan. Jedenfalls sind bestimmtere Angaben nöthig, um mit Sicherheit die Existenz eines bisher unbekannten Vulkans annehmen zu können.*

# Literaturverzeichnis

Russell J. Blong: Volcanic Hazards – A Sourcebook on the Effects of Eruptions, Academic Press, Sydney und Orlando, Florida 1984.

Wilhelm Branco: Schwabens 125 Vulkan-Embryonen und deren tufferfüllte Ausbruchsröhren, das größte Gebiet ehemaliger Maare auf der Erde, E. Schweizerbart'sche Verlagshandlung (E. Koch), Stuttgart 1894.

Leopold von Buch: Physikalische Beschreibung der kanarischen Inseln, in der Druckerei der königlichen Akademie der Wissenschaften, Berlin 1825.

Hans Cloos: Das Batholitenproblem – Fortschritte der Geologie und Palaeontologie, Berlin 1923.

Hans Cloos: Einführung in die Geologie – Ein Lehrbuch der inneren Dynamik, unveränderter Nachdruck, Berlin-Nikolassee 1963 (1936).

Robert F. Griggs: Das Tal der Zehntausend Dämpfe, 3. Aufl., Leipzig 1928.

Alexander von Humboldt: Ansichten der Natur, Stuttgart und Tübingen 1808.

Alexander von Humboldt: Kosmos – Entwurf einer physischen Weltbeschreibung, Cotta, Leipzig und Paris 1845-1862.

William K. Klingaman & Nicholas P. Klingaman: The year without summer: 1816 and the volcano that darkened the world and changed history, St. Martin's Press, New York 2013.

Ernst Kraus: Die Baugeschichte der Alpen, Akademieverlag, Berlin 1951.

Ernst Kraus: Vergleichende Baugeschichte der Gebirge, Bd. 1 u. 2, Berlin 1951.

Alfred Lacroix: La Montagne Pelée et ses éruptions, Paris 1904.

Paul Niggli: Die leichtflüchtigen Bestandteile im Magma, Leipzig 1920.

Hans Reck: Die Hegauvulkane, Berlin 1923.

Alfred Rittmann: Vulkane und ihre Tätigkeit, Stuttgart 1936, 2. Aufl.: Ferdinand Enke, Stuttgart 1960.

Karl Sapper: Vulkankunde (Bibliothek Geographischer Handbücher, Neue Folge), Stuttgart 1927.

Karl Sapper & Ferdinand v. Wolff: Vulkanismus – Handwörterbuch Naturwissenschaften, 10, Jena 1915.

Wolfgang Sartorius von Waltershausen: Der Ätna, 2 Bde., hrsg. von A. von Lasaulx, Leipzig 1881.

Robert Schwinner: Vulkanismus und Gebirgsbildung – Ein Versuch, Zeitschrift für Vulkanologie, Bd. 5, 1918.

George Poulett Scrope: Volcanos, London 1823.

Alphons Stübel: Die Vulkanberge von Ecuador; Berlin 1897.

George James Symons: The Eruption of Krakatoa, and subsequent phenomena – Report of the Krakatoa Committee appointed by the Council of the Royal Society on January 17th, 1884, Trübner & Co., London 1888.

R.D.M. Verbeek: Krakatau, Institut National de Géographie, Brüssel o. J., bzw. Government Printing Office, Batavia 1886.

Simon Winchester: Krakatau – Der Tag, an dem die Welt zerbrach, 27. August 1883, London, München 2003.

N.N.: „Aus dem Tagebuch einer Kapitänsfrau", in: Weltbild 12/1997.

Ferdinand v. Wolff: Der Vulkanismus, I. Bd., Stuttgart 1914, Der Vulkanismus II. Bd., I. Teil. Stuttgart 1923.
Das Problem des Rieses, in: Jahresbericht und Mitteilungen des Oberrheinischen Geologischen Vereins, N.F., 14, 1925.

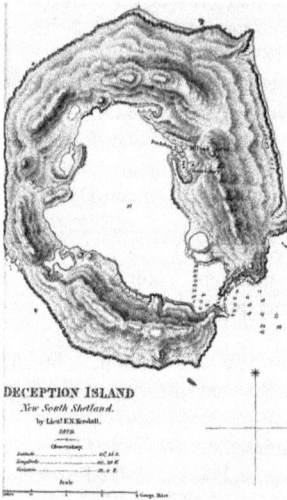

**DECEPTION ISLAND**
*New South Shetland.*
by Lieut E.N.Kendall.
*1829.*
Observatory.

Deception Island ist der aktivste Vulkan in der Gruppe der Südlichen Shetland-Inseln. Im Februar 1842 gab Captain William H. Smyley (1792-1868) vom amerikanischen Robbenfänger *Ohio* den ersten Bericht über einen Vulkanausbruch auf Deception Island. Ihm erschien es, als ob die Mount-Kirkwood-Gegend mit 13 Vulkanen in Flammen aufging: „Als ich Deception Island verließ, brannte alles auf der Südseite der Insel / es gab 13 Vulkane und viele andere Orte, an denen man die Asche aufheben konnte / das Wasser war an vielen Stellen im Hafen kochend heiß. Ich finde, die Insel ist seit meiner letzten Reise stark verändert." Deception Island, New South Shetland, Karte von Leutnant Edward Nicholas Kendall (1800-1845) von der Royal Navy, der bei der Antarktisfahrt der *HMS Chanticleer* (1827-1831) zwischen Januar und März 1829 die erste Vermessung von Deception Island vorgenommen hatte. Wikipedia/gemeinfrei

Frederic Edwin Church (1826-1900) war ein bedeutender Vertreter der Hudson River School, einer Gruppierung amerikanischer Künstler, die für präzis gemalte, oft dramatische und allegorische Landschaftsbilder bekannt wurde. Er reiste zweimal nach Südamerika, 1853 und 1857, und nahm in Quito, Ecuador, Quartier. Von seinem ersten Besuch datieren seine Eindrücke vom Vulkan Cotopaxi, die er 1855 in Bildern festhielt. Wikipedia/gemeinfrei

Im Buch beschriebene Eruptionen:

| Vulkan | Ausbruch | Seite |
| --- | --- | --- |
| Ätna (Italien) | 1874 | 39 |
| Ambrym (Vanuatu) | 1894 | 97 |
| Askja (Island) | 1875 | 40 |
| Aso (Japan) | 1872 | 81 |
| Bandai (Japan) | 1888 | 94 |
| Calbuco (Chile) | 1894 | 28 |
| Colima (Mexiko) | 1892 | 16 |
| Cosigüina (Nicaragua) | 1835 | 18 |
| Cotopaxi (Ecuador) | 1877 | 23 |
| Cúcuta (Kolumbien) | 1875 | 22 |
| Doña Juana (Kolumbien) | 1899 | 28 |
| Dubbi (Eritrea) | 1861 | 45 |
| Galunggung (Indonesien) | 1822 | 65 |
| Gunung Awu (Indonesien) | 1812 | 48 |
| Gunung Awu (Indonesien) | 1856 | 73 |
| Gunung Awu (Indonesien) | 1892 | 95 |
| Gunung Kie Besi (Indonesien) | 1861 | 77 |
| Iztaccíhuatl (Mexiko) | 1868 | 15 |
| Kaba (Indonesien) | 1833 | 70 |
| Kelut (Indonesien) | 1848 | 71 |
| Komagatake (Japan) | 1856 | 76 |
| Krakatau (Indonesien) | 1883 | 83 |
| La Soufrière (St. Vincent und die Grenadinen) | 1812 | 16 |
| Llullaillaco (Chile) | 1877 | 23 |
| Mayon (Philippinen) | 1814 | 48 |
| Mayon (Philippinen) | 1853 | 72 |
| Mayon (Philippinen) | 1871 | 79 |
| Mayon (Philippinen) | 1886 | 93 |
| Mayon (Philippinen) | 1897 | 96 |
| Merapi (Indonesien) | 1822 | 68 |
| Merapi (Indonesien) | 1832 | 70 |

| | | |
|---|---|---|
| Merapi (Indonesien) | 1872 | 79 |
| Miyake-jima (Japan) | 1874 | 82 |
| Mount Rainier (USA) | 1843 | 15 |
| Mount Rainier (USA) | 1882 | 14 |
| Nevado del Ruiz (Kolumbien) | 1845 | 19 |
| Ruang (Indonesien) | 1871 | 78 |
| Santorin (Griechenland) | 1866 | 30 |
| Sorikmerapi (Indonesien) | 1892 | 95 |
| Stromboli (Italien) | 1893 | 43 |
| Tambora (Indonesien) | 1815 | 52 |
| Tarawera (Neuseeland) | 1886 | 96 |
| Tavurvur (Papua-Neuguinea) | 1878 | 82 |
| Tungurahua (Ecuador) | 1886 | 27 |
| Usu (Japan) | 1822 | 65 |
| Vesuv (Italien) | 1872 | 31 |
| Vulcano (Italien) | 1890 | 41 |

Santorin mit Palea, Mikri und Nea Kameni. Santorin Island Ancient Thera Surveyed by Captain Thomas Graves F.R.G.S. H.M.S. Volage 1848. Wikipedia/gemeinfrei

Im Falle von der Stadt Saint-Pierre auf der Insel Martinique stand der Moment des Ausbruchs genau fest. Es geschah am 8. Mai 1902 um 7.52 Uhr - die Zeit ließ sich später anhand der Zeigerstellung einer Wanduhr am Militärkrankenhaus genau bestimmen. Aber der Mont Pelé brach in diesem Moment nicht unvermittelt und ohne Ankündigung aus. Er hatte eine lange Reihe von Vorwarnungen ausgestoßen, eine immer unverhüllter und drohender als die vorangegangene.

Bereits im Februar roch es in St. Pierre nach Schwefelgasen. Am 2. April sah man Fumarolen - d.h. Dampfwolken aus Rissen und Spalten - hoch oben am Berg aufsteigen. Am 23. April fiel ein leichter Ascheregen auf die Stadt, und man spürte mehrere Erdstöße; sie hatten zwar keine großen Folgen, waren aber doch so stark, daß sie Geschirrborde leerfegten. Am 25. April öffnete sich der Krater des Étang Sec in der Nähe des Gipfels, und der Mont Pelé schleuderte Steinbrocken und eine mächtige Aschewolke empor. Eine ähnliche Eruption ereignete sich am Tag darauf.

In den letzten Apriltagen spie der Vulkan ununterbrochen Aschewolken aus, und die Dampfbildung nahm zu. Bis zum 2. Mai war die weißgraue Staubschicht in den ländlichen Gebieten auf mehrere Zentimeter angewachsen. Inzwischen galt der Krater als "absolut unzugänglich". St. Pierre befand sich "in einem Zustand der Unruhe". 2000 Menschen verließen die Stadt, um in der 20 km entfernten Inselhauptstadt Fort-de-France Zuflucht zu suchen.

Die Tiere auf den Weiden waren unruhig. Die Usine Guérin, eine große Zuckerfabrik nördlich der Stadt, erlebte eine alptraumhafte Invasion von Ameisen und Tausendfüßlern. Sie strömten scharenweise in die Fabrik, die auf ihrem Fluchtweg lag - *fourmis-fous*, kleine, gelblich gefleckte Ameisen, und *bêtes-à-mille-pattes*, 30 cm lange, schwarze Tausendfüßler. Beide Arten besitzen, wenn sie in großer Zahl auftreten, genug Gift, um einen erwachsenen Menschen zu töten. Obgleich eine Reihe von Fabrikarbeitern zahlreiche Bißwunden davontrug, starb keiner daran. Dagegen kam es in einem Bezirk von St. Pierre zu einer weit schlimmeren Invasion: Plötzlich tauchten Hunderte von Schlangen in den Straßen auf. Unter den Reptilien waren *fer-de-lances*, Lanzenottern mit gelbbrauner Rückenzeichnung und rosa Bäuchen, zwei Meter und länger, deren Biß innerhalb von Minuten zum Tode führen kann. Bei ihrem Streifzug töteten sie Hühner, Schweine, Pferde und Hunde und griffen auch Männer und Frauen an. Viele Kinder starben, und die Erregung schlug so hohe Wogen, daß der Bürgermeister von St. Pierre Soldaten gegen die Schlangen einsetzte. Eine gute Stunde knatterte Gewehrfeuer durch die Straßen. Mindestens 100 Lanzenottern wurden getötet, aber inzwischen waren auch etwa 50 Menschen und über 200 Tiere an den Schlangenbissen gestorben.

Am 5. Mai schoß ein mächtiger Strom von nahezu kochendem Wasser auf die Küste zu, die gut 900 Meter tiefer lag und begrub auch die eben erwähnte Zuckerfabrik komplett unter sich.

Die explosive Eruption am 8. Mai 1902 erzeugte eine rund 800 Grad heiße Glutwolke (Nuée ardente), die den Berg mit etwa 300 km/h hinunterfegte und innerhalb weniger Minuten die Stadt St. Pierre und ihre 28000 Einwohner vernichtete. Von den unglücklichen Bewohnern St. Pierres kamen nur zwei mit dem Leben davon, beides Schwarze. Der eine war wegen eines Vergehens in einer festen, steinüberwölbten Gefängniszelle eingeschlossen, deren kleines vergittertes Fenster von der Stoßfront der Glutwolke abgewandt war; der andere, ein Schuhmacher, hatte in seinem Haus unter einem Tisch verborgen die Katastrophe überlebt, obwohl mehrere andere im gleichen Raum befindliche Personen starben.

Matthias Blazek: Der Ausbruch des Mont Pelé 1902, DF-Journal 0045/Januar 1997

Matthias Blazek

*Heiße Spucke als Lebenszeichen*

# Vulkane
# in der Welt

Matthias Blazek: Vulkane in der Welt
(Titelseite des Publikations-Konzepts von 2004)

## Anmerkungen

[1] Frank, Felix, Handbuch der 1350 aktiven Vulkane der Welt, Ott Verlag, Thun 2003. Jens Edelmann geht in seinem Buch „Vulkane besteigen und erkunden" (2015) der Frage nach, wann ein Vulkan als aktiv gilt. Die Antwort auf diese Frage hänge davon ab, wie man das Wort „aktiv" interpretiere. „Etwa 550 Vulkane sind in historischer Zeit nachweisbar ausgebrochen, zirka 1300 während des Holozäns. Da 10.000 Jahre, geologisch betrachtet, ein relativ kurzer Zeitraum sind, ist es keineswegs vermessen, all jene Vulkane als ‚aktiv' anzusehen, die während der letzten 10.000 Jahre einen Ausbruch aufzuweisen hatten, zumal die Phasen, in denen der Vulkan ‚schläft', mehrere Jahrtausende andauern können."

[2] Die Toba-Katastrophen-Theorie hat 1998 Stanley Ambrose von der Universität von Illinois in Urbana-Champaign entwickelt (Ambrose, Stanley H., Late Pleistocene human population bottlenecks, volcanic winter, and differentiation of modern humans, in: Journal of Human Evolution, Band 34, Nr. 6, Oxford 1998, S. 623-651, doi:10.1006/jhev.1998.0219).

[3] Vgl. Meissner, Rolf, Geschichte der Erde: Von den Anfängen des Planeten bis zur Entstehung des Lebens, Kapitel 10, C.H. Beck, München 2016.

[4] Bei den Ausführungen zur Plattentektonik ist der Verfasser Professor Dr. Marcus Nowak, Professor für Experimentelle Mineralogie an der Universität Tübingen, zu Dank verpflichtet.

[5] Der Naturforscher: Wochenblatt zur Verbreitung der Fortschritte in den Naturwissenschaften, Berlin, 31. Juli 1869.

[6] Journal für Chemie und Physik, hrsg. von Franz Wilhelm Schweigger-Seidel, 6. Band, Halle 1832, S. 236.

[7] Bulletin de la Société Royale Belge de Géographie, Brüssel 1902, S. 246.

[8] Crawford, Michael, Current Developments in Anthropological Genetics, Vol. 3, Black Caribs – A Case Study of Biocultural Adaptation, Plenum Press, New York 2012, S. 39.

[9] Sanderson, Edgar, The British Empire in the nineteenth century, its progress and expansion at home and abroad; comprising a description and history of the British colonies and dependencies, 1897-1898, Bd. VI, S. 8.

[10] Globus – Illustrierte Zeitschrift für Länder- und Völkerkunde, Bd. LXXXII, F. Vieweg & Sohn, Braunschweig 1902, S. 128. Vgl. Die Erdbebenwarte, I. v. Kleinmayr & F. Bamberg, 1906, S. 57-59.

[11] Tarttelin, John, The Real Napoleon, 2010. http://www.napoleonicsociety.com/english/tarttelin19.htm.

[12] Ritchie, David, Encyclopedia of Earthquakes and Volcanoes, 3. Aufl., Facts On File, New York 2006, S. 244.

[13] Vgl. Scott, William; Gardner, Cynthia; Alvarez, Antonio; Devoli Graziella, The A.D. 1835 Eruption of Volcán Cosigüina, Nicaragua: A Guide for Assessing Hazards, in: GSA Special Paper 412: Volcanic Hazards in Central America, 2006, S. 167-187.

[14] Eine intermittierende graue Säule aus Wasserdampf und solfatarischen Gasen wurde am Abend des 14. November 1993 drei Stunden lang beobachtet. (https://volcano.si.edu/volcano.cfm?vn=355130.)

[15] Humboldt, Alexander von, Über die Hochebene von Bogota, in: Deutsche Vierteljahrs Schrift, Erstes Heft, J. G. Cotta'sche Buchhandlung, Stuttgart und Tübingen 1839, S. 117.

[16] Franz Arago's sämmtliche Werke, 16. Band, hrsg. von Dr. Gottfried Wilhelm Hankel (1814-1899), ord. Professor der Physik an der Universität Leipzig, Verlag von Otto Wigand, Leipzig 1860, S. 221.

[17] Das Ausland. Ein Tagblatt für Kunde des geistigen und sittlichen Lebens der Völker, 19. Jahrg., in der J. G. Cotta'schen Buchhandlung, Stuttgart und Tübingen 1846, 29. Mai 1846. Vgl. Evans, Stephen G.; DeGraff, Jerome V. (Hrsg.), Catastrophic Landslides: Effects, Occurrence, and Mechanisms, The Geological Society of America, Inc. (GSA), 2002, S. 8.

[18] Poggendorff, Johann Christian (Hrsg.), Annalen der Physik und Chemie, 3. Reihe, 9. Band, Johann Ambrosius Barth, Leipzig 1846, S. 160.

[19] Amts- und Anzeigeblatt für das Königl. Bezirksamt Rothenburg o/T., 5. Juli 1875.

[20] Bulletin de la Société de géographie, 1877, S. 436. Vgl. Decker, Robert und Barbara, Von Pompeji zum Pinatubo – Die Urgewalt der Vulkane, a. d. Engl., Birkhäuser, Basel u.a. 1993, S. 229.

[21] Geinitz, Eugen, Das Erdbeben von Iquique am 9. Mai 1877 und die durch dasselbe verursachte Erdbebenfluth im Großen Ocean, für die Akademie in Commission bei W. Engelmann in Leipzig, Halle 1878, S. 37.

[22] Der Cotopaxi und seine letzte Eruption am 26. Juni 1877. [Cotopaxi and its last eruption on 26th June 1877.] 1878, S. 113-167; Wolf, Teodoro, Carta à S. E. el Jefe supremo de la República sobre su viaje al Cotopaxi; „El Ocho de Setiembre", Periódico official, Nr. 52 und 53, Guayaquil 1877; Sodiro, Luis, S. J., Relación sobre la erupción del Cotopaxi acaecida el dia 26 de Junio de 1877, Quito 1877; Wolf, Theodor, Der Cotopaxi und seine letzte Eruption am 26. Juni 1877, Neues Jahrbuch für Mineralogie Geologie und Palaeontologie, E. Schweizerbart'sche Verlagsbuchhandlung (E. Koch), Stuttgart 1878, S. 113-167.

[23] Wolf, Theodor, Ausbruch des Cotopaxi (Ecuador) am 25./26.6.1877, in: Zeitschrift der Deutschen Geologischen Gesellschaft, Band 29, Heft 3 (1877), S. 594-597.

[24] Wolff, Ferdinand v., Der Vulkanismus, Band 1 u. 2, Ferdinand Enke, Stuttgart 1913-1929, S. 379.

[25] Globus, Verlag des Bibliographischen Instituts, 1878, S. 320.

[26] Borsdorf, Axel; Stadel, Christoph: Die Anden – Ein geographisches Porträt, Berlin et al. 2013, S. 45.

[27] Erupciones del Tungurahua, http://bayardoulloae.blogspot.de/2016/10/erupciones-del-tungurahua.html.

[28] Pohlmann, R., Erupcion del Volcan Calbuco, Anales de la Universidad de Chile, Diciembre 1893, Petrmann's Mittheilungen 1894, Littber. Nr. 498.

[29] Stübel, Alphons, Die Vulkanberge von Colombia, Geographisch-typographisch aufgenommen und beschrieben von A. St., nach dessen Tode ergänzt und hrsg. von Theodor Wolf, W. Baensch, Dresden 1906, S. 3.

[30] Vgl. Seebach, Karl von, „Über den Vulkan von Santorin und die Eruption von 1866", in: Abhandlungen der Physicalischen Classe der Königlichen Gesellschaft der Wissenschaften, Dieterichsche Buchhandlung, Göttingen 1867; derselbe, „Vorläufige Mittheilungen über die typischen Verschiedenheiten im Bau der Vulkane", Zeitschrift der deutschen geologischen Gesellschaft, Band 18, 1866, S. 643.

[31] Wesentlich kritischer sind wohl die Campi Flegrei, an deren Rand sich der Vesuv befindet. Die Campi Flegrei, ein Vulkansystem, das ähnlich groß ist, wie der oben beschriebene Toba, gilt immer noch als aktiv. Unter den Campi Flegrei wird eine etwa 300 km$^3$ große Magmenkammer vermutet, die auch mit dem Vesuv verbunden ist.

[32] Abgedruckt in: Wissenschaftliche Mittheilungen aus dem Akademischen Vereine der Naturhistoriker in Wien, redigiert von F. A. Nußbaumer, im Selbstverlag des Vereins, Wien 1874, S. 1. Siehe auch: „Affairs in Italy, The Situation, the Debates in Parliament, the Eruption of Mount Vesuvius", the New York Times, 5. Januar 1868.

[33] Jahrbuch der kaiserlich-königlichen geologischen Reichsanstalt, XXIV. Band, k. k. Hof- und Staatsdruckerei, Wien 1874, S. 107 ff.

[34] Sapper, Karl, Der gegenwärtige Stand der Vulkanforschung, Urban & Schwarzenberg, Berlin & Wien 1910, S. 123.

[35] Neumayr, Melchior, Erdgeschichte, neu bearbeitet von Franz Eduard Sueß, Bibliographisches Institut, Wien 1920, S. 41.

[36] Thordarson, Thor; Hoskuldsson, Armann, Iceland (Classic Geology in Europe), Terra, Harpenden 2002, S. 172 ff. In der Zusammenfassung aus Wikipedia – die freie Enzlopädie.

[37] Gaea – Natur und Leben, Zeitschrift zur Verbreitung naturwissenschaftlicher und geographischer Kenntnisse, E.H. Mayer, Köln und Leipzig 1893, S. 537.

[38] Thoroddsen, Thorvaldur, Island – Grundriß der Geographie und Geologie, Petermanns Mitteilungen, Ergänzungshefte No. 152 und 153, Justus Perthes, Gotha 1904, S. 13.

[39] Klein, Hermann J., Jahrbuch der Astronomie und Geophysik, Eduard Heinrich Mayer Verlagsbuchhandlung, Leipzig 1897, S. 128.

[40] Tschermak's mineralogische und petrographische Mittheilungen, Akademische Verlagsgesellschaft m.b.H. Leipzig 1897, S. 398. Mercalli, Giuseppe; Silvestri, Orazio, Le eruzioni dell'isola di Vulcano incominciate il 3 agosto 1888 e terminate il 22 marzo 1890. Estratto dagli Annali dell'Ufficio Centrale di Metereologia e Geodinamica, Parte IV, Vol. X, 1888, Rom 1891. Ponte, Sebastiano Consiglio, Eruzione dell'isola di Vulcano 1888-90, Appendice alla Relazione della Commissione Governativa, Annali dell'Ufficio Centr. Meteorol. e Geodinam. Ital. Ser. IIa, Bd. XI, Teil 3, 1889, S. 307-331, Rom 1892.

[41] Friedrich, Ernst, Allgemeine und spezielle Wirtschaftsgeographie, 2. Aufl., G. J. Göschen, Leipzig 1907, S. 72.

[42] Simmer, Hans, Der aktive Vulkanismus auf dem afrikanischen Festlande und den afrikanischen Inseln (Münchener Geographische Studien, 18. Stück), Theodor Ackermann, München 1906.

[43] Klein, Hermann (Hrsg.), Jahrbuch der Astronomie und Geophysik, XVII. Jahrgang, Eduard Heinrich Mayer Verlagsbuchhandlung, Leipzig 1907, S. 228.

[44] Ausführlich: Wiart, Pierre; Oppenheimer, Clive, Largest known historical eruption in Africa: Dubbi volcano, Eritrea, 1861. Geology 28, 2000, S. 291-294. Vgl. Neumayr, Melchior, Erdgeschichte, neu bearbeitet von Franz Eduard Sueß, Bibliographisches Institut, Wien 1920, S. 112.

[45] Sulpizio, Roberto; Costa, Antonio; Wadge, Geoffrey, Stress Field Control of Eruption Dynamics, 2017, S. 42.

[46] Nussbaumer, Josef, unter Mitarbeit von Guido Rüthemann, Vergessene Zeiten in Tirol – Lesebuch zur Hungergeschichte einer europäischen Region (Geschichte & Ökonomie 1 1), Studien Verlag, Innsbruck-Wien-München 2000, S. 65.

[47] Jagor, Fedor, Reisen in den Philippinen, Weidmannsche Buchhandlung, Berlin 1873, S. 73.

[48] Zit. n. Bethge, Wolfgang, Schönheit und Schrecken des Mount Mayon, 2003, http://bethge.freepage.de/mountmayon.htm.

[49] Einleitend wörtlich übernommen aus Wikipedia – die freie Enzyklopädie, Batavia (Niederländisch-Indien); Handbuch der Orientalistik, 1. Band: Geschichte, E. J. Brill, Leiden/Köln 1977, S. 72.

[50] Berghaus, Heinrich, Annalen der Erd-, Völker- und Staatenkunde, 1. Band, vom 1. Oktober 1829 bis 20. März 1830, G. Reimer, Berlin 1830, S. 406.

[51] Vasold, Manfred, Der Ausbruch des Tambora (Indonesien) im April 1815 und die Agrarkrise in Europa 1816/17. In: Geographische Rundschau, 52 (2000) 12, S. 56-60.

[52] Verhandelingen van het Batavisch Genootschap van Kunsten en Wetenschappen, deel VIII, 2. editie, Batavia 1826, S. 343. Dieser Artikel ist übergenommen und ins Holländische übersetzt in „Olivier, Land en Seetogten in Nederl. Indie". Amsterdam, 2. deel, p. 242—261. Ferner ziehe man zu Rat das angeführte Werk von Roorda van Eysinga: Indie; Breda 1842. boek II, S. 36-48. Er hat übrigens aus den gleichen Quellen übersetzt wie Olivier, von dem ein Ungenannter eine deutsche Übersetzung angefertigt hat, Weimar 1833. 2. Teil, S. 214-234.

[53] Bär, Oskar, Showa-Shinzan – Der jüngste Vulkan im südlichen Hokkaido, Japan, in: Geographica Helvetica, Kümmerly & Frey, Zürich 1964, S. 249.

[54] Leonhard, Karl Cäsar (Hrsg.), Zeitschrift für Mineralogie, Jahrg. 1828, Akademische Buchhandlung von J. C. B. Mohr, Heidelberg 1828, S. 351 ff.

[55] Neumann van Padang, M., History of Volcanology in the East Indies, Scripta Geol. 71 – Systematic volcanological research after 1900, 1983. Geographische Rundschau, G. Westermann, 1985, S. 79.

[56] Kregelius, Theodor, Die wirtschaftlichen Instabilitätsfaktoren, ihre Ursachen und Verbreitung, Buchdruckerei Orthen, Köln 1939, S. 35.

[57] Leonhard, Karl Cäsar von, Grundzüge der Geologie und Geognosie, Verlag von Joseph Engelmann, Heidelberg 1831, S. 41.

[58] Junghuhn, Franz, Java – Seine Gestalt, Pflanzendecke und innere Bauart, ins Deutsche übertragen von Justus Karl Hasskarl, 2. Abt., Arnoldische Buchhandlung, Leipzig 1854, S. 319.

[59] Vgl. ebenda, S. 923 f.

[60] von Hoff, Karl Ernst Adolf, Chronik der Erdbeben und Vulcan-Ausbrüche mit vorausgehender Abhandlung über die Natur dieser Erscheinungen, 2. Teil, Gotha, bei Justus Perthes, 1841, S. 406.

[61] Zeitschrift für Allgemeine Erdkunde, hrsg. von Dr. Thaddäus Eduard Gumprecht (1801-1856), 3. Band, Verlag von Dietrich Reimer, Berlin 1854, S. 104.

[62] Junghuhn, Franz, wie oben, S. 497 ff.

[63] Junghuhn, Franz, wie oben, S. 501 f.

[64] The Philippine Journal of Science, Bureau of Science, Band VII, 1929, S. 35; Tafel „Eruptions of the volcano of Mayón", in: Census of the Phillipine Islands 1903, United States Bureau of the Census, Washington 1905, S. 225 (hier mit der Opferzahl 35).

[65] Ergänzungs-Conservationslexicon – Ergänzungsblätter zu allen Conversationslexiken, 12. Band, Ergänzungsblätter-Verlag, hrsg. unter der Red. von Franz Steger, Leipzig und Meißen 1856, S. 116 ff.

[66] Im Juni 2004 wurden mehr als 7000 Menschen von den Hängen des Gunung Awu evakuiert. (Gursky, Sharon L., Geological History of Sulawesi, in: The Spectral Tarsier, eBook, 2015, S. 8.)

[67] Evangelisches Missions-Magazin, hrsg. im Auftrag der evangelischen Missionsgesellschaft in Basel, Missionar A. Steiner, Basileia Verlag, Basel 1897, S. 288.

[68] Lauterer, Joseph, Japan, das Land der aufgehenden Sonne einst und jetzt – nach seinen Reisen und Studien geschildert, 2. Aufl., Otto Spamer, Leipzig 1904, S. 284.

[69] Katō, Hirokazu; Noro, Harufumi (Hrsg.), 29th IGC Field trip Guidebook, Vol. 4: Volcanoes and geothermal fields of Japan, Geological Survey of Japan, Astakhova, N. V. 1992, S. 28.

[70] Chambers's Encyclopædia: A Dictionary of Universal Knowledge, Band 6, W. and R. Chambers 47 Paternoster Row and High Street Edinburgh, London 1868, S. 522. Vgl. Huyters, F.B.J.M., Aanbieding van vulkanisch asch van Makian, gevallen te Ternate op 29 en 30 September 1861, Natuurkundig Tijdschrift voor Nederlandsch Indië, Band 24, S. 295.

[71] Wallace, Alfred Russel, Der Malayische Archipel – Die Heimath des Orang-Utan und des Paradiesvogels. Reiseerlebnisse und Studien über Land und Leute, George Westermann, Braunschweig 1869, S. 7.

[72] Das Ausland. Eine Wochenschrift für Kunde des geistigen und sittlichen Lebens der Völker, 10. Oktober 1863.

[73] Hédervári, Péter, Catalog of Submarine Volcanoes and Hydrological Phenomena Associated with Volcanic Events, 1500 B.C. to December 31, 1899, World Data Center A for Solid Earth Geophysics, U.S. Department of Commerce, National Oceanic and Atmospheric Administration, National Geophysical Data Center, 1984, S. 26.

[74] Jagor, Fedor, Reisen in den Philippinen, Weidmannsche Buchhandlung, Berlin 1873, S. 75.

[75] Hartmann, Max A., Der große Ausbruch des Vulkanes G. Merapi, Mitteljava, im Jahre 1872 (Natuurk. Tijdschrift voor Neêrlands Indië. 94. Batavia, den Haag 1934. 189—209. Mit 5 Abb. u. 2 Lichtb.).

[76] Mineralogische Mittheilungen, 1872, S. 110 f. Vgl. Ausbruch des Merapi auf Java. — *Ausland*. 1872. No. 28.

[77] Es gibt größere Vulkane, wie das Tamu-Massiv östlich von Japan. Beim Kilauea handelt es sich um einen Hot-Spot-Vulkan. Er hat nichts mit Subduktionszonen zu tun. Dieser Basaltschildvulkan fördert die Lava effusiv.

[78] Dieffenbach, Ferdinand, Plutonismus und Vulkanismus in der Periode von 1868-1872 und ihre Beziehungen zu den Erdbeben im Rheingebiet, auf Grund der neuesten Ergebnisse der wissenschaftlicher Forschung und mit Berücksichtigung von mehr als Tausend Erdbeben und Vulkanausbrüchen dargestellt, G. Jonghaus, 1873, S. 36.

[79] Mittheilungen der kais. und königl. geographischen Gesellschaft in Wien, XVI. Band (der neuen Folge VI), redigiert von ihrem Generalsekretär Moritz Alois Ritter von Becker, Verlag der geographischen Gesellschaft, Wien 1874, S. 384.

[80] Wernich, Albrecht, Geographisch-medizinische Studien nach den Erlebnissen einer Reise um die Erde, Hirschwald, Berlin 1878, S. 67 f.

[81] Siebert, Lee; Simkin, Tom; Kimberly, Paul, Fatalities & Evacuation, in: Volcanoes of the World, 3. Aufl., University of California Press, Berkeley 2010, S. 339.

[82] Lal, Brij V. (Hrsg.), Pacific Places, Pacific Histories: Essays in Honor of Robert C. Kiste, University of Hawai'i Press, Honolulu 2004, S. 160.

[83] Nature, Macmillan Journals Limited, 10. Januar 1884 (S. 241).

[84] Metzger, Emil, „Der vulkanische Ausbruch in der Sundastraße. I. Erzählung der Vorgänge", in: Globus – Illustrierte Zeitschrift für Länder- und Völkerkunde, hrsg. v. Richard Kiepert, F. Vieweg und Sohn, 1884, S. 142. R. D. M. Verbeek, Krakatau, veröffentlicht im Auftrage seiner Exzellenz des Gouverneur-Generaal van Nederlandsch Indië (Batavia: Trübner, 1885, 1886).

[85] Übersetzt ins Deutsche aus: Gorman, Michael, Our Own Selves: More Meditations for Librarians, American Library Association, Chicago 2005, S. 128.

[86] Im 19. Jahrhundert gab es weder ein Telefonnetz, noch Mobilfunk oder Internet. Das erste transatlantische Kabel für Telegraphie wurde erst in der zweiten Hälfte des 19. Jahrhunderts verlegt. Nachrichten aus Asien wurden per Schiff und Kutsche transportiert.

[87] Der Naturforscher – Wochenblatt zur Verbreitung der Fortschritte in den Naturwissenschaften, hrsg. von Wilhelm Sklarek, Berlin 1884.

[88] 1887 (1.-9. Mai). A resumption of the previous eruption, this threw up boulders and ashes from the crater. (Miguel Selga, S.J., El veto del pueblo de Libog y la erupcion del Mayon en 1887, Schreibmaschinen-Manuskript, Manila 1942, S. 2-3).

[89] „Die Philippinen Inseln", nach dem Spanischen des Dr. Francisco J. de Maya y Jimenez („Las Islas Filipinas en 1882", Madrid 1883), übersetzt und bearbeitet von Alexander Braun, in: Das Ausland. Ein Tagblatt für Kunde des geistigen und sittlichen Lebens der Völker, Jahrg. 59, J. G. Cotta'sche Buchhandlung, Stuttgart 1886, Jg. 59, S. 1031.

[90] Sapper, Karl, Vulkankunde (Bibliothek Geographischer Handbücher, Neue Folge), Verlag Engelhorns Nachf., Stuttgart 1927, S. 321.

[91] Nature, Nature Publishing Group, 1889, S. 376.

[92] Blong, R. J., Volcanic hazards: A sourcebook on the effects of eruptions, Academic Press, Orlando, Florida 1984, S. 109.

[93] Beringer, Carl Chr., Vulkanismus und andere Tiefenkräfte der Erde, Kosmos – Gesellschaft der Naturfreunde, Band 200, Stuttgart 1953, S. 34.

[94] Neues Jahrbuch für Mineralogie, Geologie und Paläontologie, E. Schweizerbart'sche Verlagsbuchhandlung (E. Koch), Stuttgart 1894, S. 68.

[95] Barber, A.J.; Crow, M.J.; Milsom, J.S. (Hrsg.), Sumatra: Geology, Resources and Tectonic Evolution, Geological Society, Memoirs, 31, London 2005, S. 126.

[96] Verstappen, Herman Theodoor, International Institute for Aerial Survey and Earth Sciences, A geomorphological reconnaissance of Sumatra and adjacent islands (Indonesia), Wolters-Noordhoff, 1973, S. 94 f.

[97] Prof. Dr. Karl Sapper in Straßburg i. E. führte 1895 die Arbeit mit seinem „Bericht über die vulkanischen Ereignisse der Jahre 1895-1913" fort.

[98] Branco, Wilhelm, Schwabens 125 Vulkan-Embryonen und deren tufferfüllte Ausbruchsröhren, das größte Gebiet ehemaliger Maare auf der Erde, E. Schweizerbart'sche Verlagshandlung (E. Koch), Stuttgart 1894, S. 692. Vgl. Jahreshefte des Vereins für vaterländische Naturkunde in Württemberg, 1895, S. 200.

[99] Zit. n. Bankoff, Greg, Cultures of Disaster: Society and Natural Hazard in the Philippines, RoutledgeCurzon, London 2003, S. 176.

[100] Hutchins, Graham; Young; Russell, The Tarawera eruption 1886, in: New Zealand's Worst Disasters: True Stories That Rocked a Nation, Exisle Publishing Limited, Wollombi

2015. Vgl. Smith, S. P., The eruption of Tarawera: a Report to the Surveyor General. N Z Government Printer, Wellington 1886; Smith, S. P., Preliminary report on the volcanic eruption at Tarawera, Journal of the House of Representatives, 26, 1886, S. 1-4.

[101] Geologisches Jahrbuch, E. Schweizerbart'sche Verlagsbuchhandlung (Nägele u. Obermiller) in Kommission, Stuttgart 1980, S. 147.

[102] Neues Jahrbuch für Mineralogie, Geologie und Paläontologie, E. Schweizerbart, Stuttgart 1923, S. 81.

[103] Zeitschrift der Deutschen Geologischen Gesellschaft, Heft 2, 25. Februar 1939, Verlag von Ferdinand Enke in Stuttgart, Berlin 1939, S. 166.

[104] McCarty, Louis P., The Great Pyramid Jeezeh, San Francisco 1907, S. 112.

[105] Es gab im 19. Jahrhundert schon eine ganze Reihe von wissenschaftlichen Veröffentlichungen zu Vulkanismus, die die damaligen naturwissenschaftlichen Erkenntnisse auf Vulkanismus angewendet haben. Ein Highlight ist hier z.B. das Paper von Robert Bunsen (1851), „Über die Processe der vulkanischen Gesteinsbildung Islands" (in: Poggendorffs Annalen der Physik und Chemie, Band 83/1851, S. 191-272).

[106] Kluge, Emil, Über Synchronismus und Antagonismus von vulkanischen Eruptionen und die Beziehungen derselben zu den Sonnenflecken und erdmagnetischen Variationen, Verlag von Wilhelm Engelmann, Leipzig 1863, S. 41 ff. Dr. phil. Emil Kluge, Lehrer an der Königlichen Höheren Gewerbeschule zu Chemnitz, durch seine bedeutenden Arbeiten über Erdbeben und vulkanische Eruptionen sowie durch sein Werk über die Edelsteine „rühmlich bekannt", am 9. Mai 1830 in Freiburg geboren, starb mit 34 Jahren auf der Reise von Werdau nach Zwickau am 1. Juli 1864. (Vgl. Sitzungs-Berichte der naturwissenschaftlichen Gesellschaft ISIS zu Dresden, redigiert von Dr. A. Drechsler, 1864, S. 209.)

[107] Mineralogische Mittheilungen, gesammelt von Gustav Tschermak, Jahrg. 1874, Wilhelm Braumüller, Wien 1874, S. 67 ff.

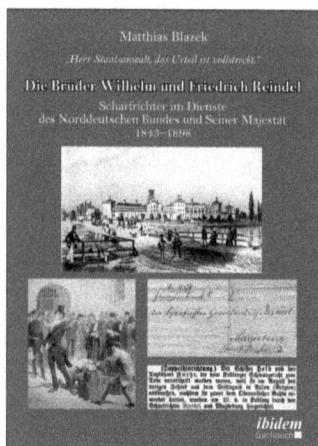

Matthias Blazek

*"Herr Staatsanwalt, das Urteil ist vollstreckt."*

# Die Brüder Wilhelm und Friedrich Reindel

**Scharfrichter im Dienste des Norddeutschen Bundes und Seiner Majestät 1843–1898**

ISBN 978-3-8382-0277-8
166 S., Paperback, € 18,90

Erhältlich in jeder Buchhandlung
oder direkt bei

*ibidem*

Matthias Blazek legt mit diesem Buch die erste ausführliche Lebensbeschreibung der beiden Scharfrichterbrüder Wilhelm und Friedrich Reindel vor. Dass es die erste derartige Aufarbeitung ist, zeigt wiederum, wie wenig sich die Geschichtswissenschaft bislang diesem Bereich gewidmet hat, obwohl Scharfrichter sehr wohl im besonderen öffentlichen Augenmerk ihrer Zeitgenossen standen – je öfter sie tätig wurden, desto bekannter waren sie auch.

So zählte Friedrich Reindel (1824–1908), Patenkind des Preußenkönigs Friedrich Wilhelm I., zu den bekanntesten Scharfrichtern Deutschlands und wurde gar mit dem Spitznamen „Vater Reindel" belegt – was wohl auch dem Umstand geschuldet ist, dass er noch bis ins hohe Alter als Scharfrichter mit dem Handbeil Enthauptungen vornahm. In den letzten Jahrzehnten des 19. Jahrhunderts wurden fast alle Todesurteile im norddeutschen Raum durch ihn vollstreckt.

Während Friedrich Reindel von 1874 bis 1898 seines grausigen Amtes waltete, war vor ihm sein älterer Bruder Wilhelm Reindel (1813–1872) der Hauptakteur der Jahre 1852 bis 1870. Er war gemeint, wenn vom „Scharfrichter des norddeutschen Bundes" oder dem „Scharfrichter aus Werben in der Altmark" die Rede war. Sein jüngerer Bruder assistierte ihm dabei bereits bei 40 Hinrichtungen.

## Der Autor:

Matthias Blazek, Journalist und Historiograph, knüpft mit seinem jüngsten Werk an sein vielbeachtetes Buch *Scharfrichter in Preußen und im Deutschen Reich 1866–1945* (ISBN 978-3-8382-0107-8) an.

*ibidem*-Verlag • Melchiorstr. 15 • 70439 Stuttgart • Tel.: 0711/9807954 • Fax: 0711/8001889
ibidem@ibidem-verlag.de

Matthias Blazek

# Haarmann und Grans

## Der Fall, die Beteiligten und die Presseberichterstattung

ISBN 978-3-89821-967-9

152 S., Paperback, € 15,90

Erhältlich in jeder Buchhandlung
oder direkt bei

*ibidem*

Es war das Top-Thema in der Presse: Am 23. Juni 1924 wurde der Serienmörder Friedrich „Fritz" Haarmann in Hannover verhaftet. Er hatte seit 1918 nachweislich 24 junge Männer ermordet.
Der als Polizeispitzel und Detektiv arbeitende Kaufmann war zwar geständig, bekannte sich aber nur zu 21 Morden und bestritt den Vorwurf, Teile der Leichen der Ermordeten verspeist zu haben. Seine Opfer lernte Haarmann im Bahnhofsmilieu kennen. Nachdem er sie in seine Wohnung gelockt hatte, durchbiss er ihnen die Kehle oder erwürgte sie.
Haarmann war den Behörden zwar schon seit 1918 als Triebtäter bekannt, er konnte jedoch erst 1924 nach dem Fund mehrerer menschlicher Schädel in der Leine und durch den Einsatz von Kriminalinspektor Hermann Lange festgenommen werden. Der Fall um Haarmann wurde zum aufsehenerregendsten Kriminalfall seiner Zeit. Die genaue Zahl seiner Opfer konnte nie ermittelt werden, da Haarmann im Größenwahn und mit dem Ziel, den Ermittlern zu gefallen, auch Morde gestand, die er nie begangen hatte. Der Psychiater Ernst Schultze, der vor Haarmanns Hinrichtung am 15. April 1925 mehrere Wochen lang Gespräche mit ihm führte, schloss jedoch eine psychische Erkrankung aus.
Matthias Blazek setzt neue Schwerpunkte in der Betrachtung des Falles Haarmann. Hier stehen weniger die Vorgeschichte und die Taten im Vordergrund als die Ereignisse seit Haarmanns Festsetzung. Zudem wertet Blazek erstmals den kompletten Presserummel um den „Werwolf von Hannover" aus.
Bislang unveröffentlichte Fotos sowie neue Erkenntnisse und Quellen werden angeführt, und auch bislang wenig beachtete Randnotizen werden einer Betrachtung unterzogen. Als Beispiel seien die Hintergründe zum Scharfrichter Carl Gröpler genannt, der die Fallschwertmaschine bediente, mit der Haarmann hingerichtet wurde, sowie der Aufenthalt Haarmanns in der Gefangenenarbeitsstelle Jägerheide bei Celle, die verwandtschaftlichen Beziehungen Haarmanns und der Wiederaufnahmeprozess gegen Grans. Bisher in der Literatur widersprüchlich dargestellte Informationen werden nun auf Quellen basierend aufgearbeitet.

**Der Autor:**
Dem Journalisten Matthias Blazek, Jahrgang 1966, ist mit diesem Buch ein besonderes Werk gelungen, das das vorhandene Schrifttum über den Kaufmann aus Hannover, der so viel Leid über so viele Familien gebracht hat, mit neuen Erkenntnissen bereichert.

*ibidem*-Verlag • Melchiorstr. 15 • 70439 Stuttgart • Tel.: 0711/9807954 • Fax: 0711/8001889
ibidem@ibidem-verlag.de